陆基集装箱式
生态养殖技术模式典型案例

全国水产技术推广总站 ◎ 组编

中国农业出版社
北京

本书编委会

主　　编　李明爽

副 主 编　夏　耘　高浩渊

编写人员（按姓氏笔画排序）

王　健　王紫阳　吕建明　李利冬

李茂军　李明爽　邱亢铖　张正雄

陈金良　金　敏　夏　芸　夏　耘

高浩渊　舒　锐

前言 FOREWORD

陆基集装箱式水产生态养殖技术是近年来新兴的一种生态健康养殖模式，凭借其节地节水、品质可控、智能标准、绿色生态、效益显著等明显优势，得到了业界的广泛认可，2018—2020年连续3年被农业农村部列为引领性技术，并已在全国25个省（自治区、直辖市）得到示范推广。

2019—2021年，全国水产技术推广总站以陆基集装箱式水产生态养殖技术模式为依托，实施了池塘养殖转型升级绿色生态模式示范项目，在全国成功打造了多个养殖示范基地。广东肇庆、湖北武汉、安徽太和、广西桂林、云南元阳、江西萍乡等养殖示范基地已成为开展陆基集装箱式水产生态养殖的典型样本，吸引了大量专业人士专程前往参观了解、培训学习。

为进一步示范推广该项引领性技术模式，提高我国水产生态健康养殖的标准化、规范化水平，我们组织编写了本书。在详尽介绍陆基集装箱式水产生态养殖技术发展现状、技术原理、水处理生态模型构建、养殖产品品质评估的基础上，以上述示范基地为主、辅以河南新乡等其他发展较好的示范基地，详细介绍了各示范基地建设、安装调试、养殖管理、产品加工等内容。本书理论与实践紧密结合、技术与实践深度融合，对于了解和从事陆基集装箱式水产生态养殖具有较强的指导意义。

由于时间所限，书中纰漏和不足之处在所难免，敬请广大读者批评指正。

编　者

2022年3月

目录 CONTENTS

第一章　集装箱养殖模式发展现状

第一节　集装箱养殖模式发展背景

水产养殖业是保障食品安全、优化农村经济、促进农民增收致富的重要产业。据统计，2020 年我国水产养殖总产量达5 224万吨，占全世界60%以上，位居世界第一。然而，传统水产养殖生产方式、资源利用方式、尾水处理方式粗放，养殖效率低、生产不可控、劳动强度大、养殖污染重等问题突出。与新时代的高质量发展要求相比，水产养殖业还面临着一些困难和问题。从产业发展的外部环境看，养殖水域周边的各种污染，严重破坏养殖水域生态环境；经济社会发展和建设用地不断扩张，使水产养殖水域空间受到严重挤压，渔民合法权益受到侵害。从产业发展的内部环境看，水产养殖布局不尽合理，如部分地区近海养殖网箱密度过大，水库湖泊中的养殖网箱网围过多过密，而一些可以合理利用的空间却没有开发或者开发利用不够，一些落后的养殖方式亟待转变。在新的环保要求下，湖泊、水库、河沟、近岸等许多传统养殖区域被禁养或限养，进一步限制了水产养殖空间。2019 年 1 月 11 日农业农村部等 10 部委联合印发的《关于加快推进水产养殖业绿色发展的若干意见》，强调通过加强科学布局、转变养殖方式、改善养殖环境等多方面多途径加快推进水产养殖业绿色发展和转型升级。

集装箱养殖模式是采用定制标准集装箱为养殖载体，应用“分区养殖、异位处理”新型养殖技术工艺，把养殖对象集中在箱内进行集约化养殖，运用高新技术控制养殖环境和养殖过程，将传统水产养殖从自然空间里“解放”出来，可实现养殖尾水生态循环利用、达标排放，并提升水产品质量和品质，是水产养殖从工厂化到工程化再到工业化的一种有效推进模式。集装箱养殖模式发展的背景如下：

一、中央环保督查及各地撤网撤围退养力度不断加大，水产养殖退养地区转产转业任务迫在眉睫

当前，海洋、江河、湖泊、水库等自然水域的生态环境保护成为中央高度关注、社会持续关心、群众普遍关切的焦点问题。2017 年开始，中央环保督查压力加大，在开放水域的“三网”（网箱、网围、网栏）养殖污染问题成为环保督查重要内容，各地撤网撤围规模大、速度快，传统水产养殖空间受到空前挤压，传统渔民生计面临严峻挑战。据 2021 年中国渔业统计年鉴显示，我国淡水池塘、湖泊、水库、河沟养殖面积总计 490 多万公顷，约占淡水养殖总面积的 97%，产量2 600多万吨，约占淡水养殖总产量（3 089万吨）的 84%，如全面限制养殖或禁止养殖，将对水产品供给和传统养殖区渔民生计造成严重影响。2017 年，环保督查尤其严格，全国各地江河库区一批批网箱被快速拆除，南方水网地区 5 省拆除各类网箱、网围 14 万亩*，涉及养殖渔民近万人；太湖沿岸的无锡、常州、湖州已全部完成围网拆除，涉及养殖渔民3 000多人；湖南省“洞庭湖河湖围网养殖专项清理行动”清退人工养殖网箱15 527口、65.77 万米^2；海南省划定近岸海域生态保护红线总面积 8 316.6 千米^2，占海南岛近岸海域总面积 35.1%。因此，池塘养殖对保障水产品供给和渔民增收的战略作用进一步提升。通过项目实施，全面推动我国池塘养殖技术模式升级，确保水产养殖发展空间，承接撤网撤围的养殖产能和转产养殖渔民，稳定水产品供给、保障转产渔民生计、促进社会稳定，已经成为当前一项紧迫的任务。

二、新颁布的《中华人民共和国水污染防治法》严格了污染排放要求，加快推进养殖尾水达标排放迫在眉睫

新修订的《中华人民共和国环境保护法》和《中华人民共和国水污染防治法》都对养殖尾水处理提出了更为严格的规定和要求。但由于长期以来我国池塘基础设施差、生产方式粗放，传统池塘改造项目主要侧重于生产能力的提升，对养殖尾水和池塘环境提升的要求不多，导致养殖生产过程对环境有一定的影响。有调查数据显示，我国水产养殖主要污染物排放包括总氮、氨氮、总磷、化学需氧量等，排放规模较大。全国养殖尾水排放的化学需氧量和氨氮排放量约占全国废水总排放量中的 7%。全国通过健康养殖标准验收的池塘养殖

---

* 亩为非法定计量单位，1 亩=1/15 公顷。

总面积约 2.5 万公顷，仅占我国现有池塘养殖总面积的约 1%。据估算，90%以上传统池塘没有养殖尾水处理设施，按照现行养殖生产尾水排放标准，难以实现达标排放，面临限养甚至关停的风险。2020 年农业农村部办公厅发布水产绿色健康养殖“五大行动”的通知，要求实施生态健康养殖模式示范推广、养殖尾水治理模式推广、水产养殖用药减量、配合饲料替代幼杂鱼和水产种业质量提升等水产绿色健康养殖技术推广。显然，一些传统落后的养殖模式已跟不上新时期对水产养殖发展提出的新标准和要求。因此，推动养殖池塘转型、实现尾水达标排放的任务十分艰巨。从池塘养殖模式转型升级入手，全面提升传统池塘养殖内源性和外源性污染防控能力，切实把养殖污染降下来，尽快实现养殖尾水达标排放刻不容缓。而陆基集装箱式养殖模式以提高资源利用效率为主攻方向，根据生态环境承载力，对落后模式进行环保化改造，通过示范推广现代绿色生态池塘养殖模式，积极发挥池塘湿地生态功能，实现养殖尾水的生态处理，还水产养殖绿色本色。

三、高消耗的粗放养殖已临近资源环境可承载的上限，发展资源节约型池塘养殖模式迫在眉睫

由于当前养殖布局、品种结构、生产管理、承包方式等不尽科学合理，实际生产中无视生态环境承载力、过度开发利用水域滩涂资源、过度投入物质要素、片面追求高产的现象较为普遍，资源浪费、环境污染、生态破坏等问题凸显。池塘养殖普遍存在养殖密度持续升高、尾水直排直放、池塘设施老旧、水体投入品复杂多样等问题。如广东地区池塘高密度养殖乌鳢产量最高已经达到 7 吨/亩。在中央提出要科学合理布局和整治生产空间、划定禁止养殖区和限制养殖区的背景下，迫切需要转变池塘养殖发展方式、转变技术思路，从追求产量导向转向追求质量导向。陆基集装箱式养殖模式贯彻绿色发展理念，加快传统池塘养殖技术模式升级改造，用绿色生态高效减排方法，修复重构池塘养殖系统，促进池塘转型绿色发展。

四、水产品质量安全存在隐患，推进池塘清洁生产迫在眉睫

近年来，虽然我国养殖水产品质量安全水平显著提升，但风险隐患仍然存在。“三鱼两药”问题成为水产品质量安全监管的重点和难点，外源性水域环境污染影响水产品质量安全问题突出。据调查，2016 年内陆渔业水域中总氮、总磷、高锰酸盐指数超标面积分别为 99%、52.6%和 24.1%。渔用投入品违

规添加违禁药物还在一定范围内存在。养殖水产品质量安全风险隐患短期内还难以完全消除，与新时代人民对优质安全水产品的需求不相适应，推进水产养殖清洁生产模式迫在眉睫。陆基集装箱式养殖模式通过模式创新，从外源性环境污染和养殖投入品控制入手，通过加强质量安全风险点管控，加强风险预警预判，打造绿色生态品牌，提升养殖水产品质量安全水平。

五、养殖成本刚性上升，推进池塘养殖节本增效富渔增收迫在眉睫

我国水产养殖业虽然规模逐年增大，但养殖效益呈逐年下滑的态势。主要由于水产品价格长期低位运行，知名品牌少，优质难以优价，产业链不长，整体效益不高。加之，近年来水产养殖成本持续上涨，如 2018 年 3 月饲料用鱼粉平均价格高达13 000元/吨，较两年前增加了 20%以上；近 5 年池塘租金年均增长 10%左右，广东省水产养殖主产区养殖池塘租金已达每年5 000元/亩；水产养殖劳动强度大，人力成本持续上涨，渔用动保产品等投入品使用大幅增加，导致许多水产养殖经营困难，影响了渔民增收。因此，急需以科技创新为抓手，发展资源节约、绿色生态、省工省力、易于产业化发展的现代水产养殖技术模式。陆基集装箱式养殖模式拟通过现有技术模式集成组装、新兴技术模式熟化提升、传统技术模式升级改造、新型经营主体培育、传统养殖场休闲化景观化提升等措施，着力打造一批可复制可推广的传统池塘转型现代技术模式，引导池塘养殖实现提质增效，促进渔民增收。

第二节　发展陆基集装箱式循环水养殖的必要性和意义

我国现有池塘养殖面积约 260 多万公顷，约占水产养殖总面积的 39%。在新的生态环保要求下，近 40%水产养殖面积面临限养或禁养的风险。因此，创新技术模式，加快推进水产养殖绿色转型升级成为当前一项最为紧迫的任务。集装箱养殖是由我国企业自主研发的现代水产养殖技术模式，具有节地节水、生态环保、质量安全、智能标准、集约高效等优点，为我国引领水产养殖绿色转型发展提供了新的技术模式。

（一）集装箱养殖为水产养殖突破资源瓶颈提供了新模式

资源节约是集装箱养殖的最大优势，主要表现为“四节”：节地，占地面

积小，安装灵活，可减少对土地的深挖破坏，在相同养殖产量下，较传统养殖可节约土地资源75%～98%；节水，采用水体循环利用技术，减少用水量，无清塘干塘、大排大灌、废水外排等问题，较传统养殖可节水95%～98%，并为水产养殖扩展到缺水地区提供了可能的技术方案；节力，一个工人可以看管多个养殖箱，捕捞简单，劳动强度小，较传统池塘养殖节省劳动力50%以上；节料，箱体内高密度养殖，可集中精准投喂，减少饲料浪费，提升饲料利用率。

（二）集装箱养殖为水产养殖提质增效提供了新手段

提质增效是集装箱养殖的最大亮点，主要表现在“四减”：减病，建立了四级绿色防病体系，养殖水体循环快、水质优，易于观察防病，病害发生概率大幅降低；减药，集装箱养殖由于病害发生少，用药环节精准可控，可大幅减少药物使用，防止药残污染；减脂，养殖对象长期顶水游动，肉质含脂量低、弹性好、无土腥味，品质好，市场认可度高；减灾，养殖箱可以有效抵御台风、洪涝、高温和寒潮等自然灾害和极端天气，减少养殖风险。

（三）集装箱养殖为水产养殖尾水生态治理提供了新方案

环境友好是集装箱养殖的显著特色，主要表现为“四融”：物理净水与生态净水相融，通过粪污物理过滤和集中分离技术，可分离90%以上的养殖固体粪污，通过池塘生态净水技术有效降低水中氨氮，实现高效经济净水；生产和生态相融，集装箱养殖严格按照环境生态承载力规划生产，促进资源循环利用，能有效实现生态减排；养殖与种植相融，将集装箱养殖与稻田综合种养和鱼菜共生等模式相结合，将养殖废水和粪污变为种植的肥料，实现种养循环，资源综合利用；养殖与休闲相融，通过将养殖池塘转化为生态净水湿地，发展科普教育文化，促进水产养殖生态化、景观化、休闲化，实现水域生态环境优美。

（四）集装箱养殖为水产养殖工业化发展提供了新路径

智能标准是集装箱养殖的显著特征，主要表现为“四化”：规模化，集装箱养殖是一种规模化高效生产的现代养殖模式，单个箱体年产量最高可达5吨，比传统养殖池塘效率提高20～50倍；标准化，养殖箱体模块化，易组装、可拆卸，养殖过程标准可控，实现了傻瓜化操作，大幅降低了劳动强度；精准化，通过物联网智能监控技术实现了水质在线监测和设备自动控制，实现生产精细化管理；品牌化，通过以绿色品牌为导向，构建水产品质量安全追溯体系，实现产加销一体化经营。

基于以上特点和优势，“集装箱＋生态池塘”高效养殖与尾水高效处理技术被评为2020年农业农村部10大引领性技术之一。在地下水资源日益减少，地表水资源污染超出了环境自净能力，而对水产品需求量递增的背景下，加速推广循环水养殖技术已成必然并已迫在眉睫。

第三节　集装箱养殖现状和前景分析

一、集装箱养殖现状

（一）技术模式不断优化

集装箱养殖技术发明以来，技术快速更新换代，经历了从废旧集装箱改造到标准定制集装箱的技术升级，形成了与池塘联动的“陆基推水式”和养殖用水全循环利用的“一拖二式”两大主要模式。进一步融合创新，集成了与养殖尾水生态化处理相结合的“顺德模式”，4亩池塘实现对28个养殖箱体尾水的生态净化；与稻田综合种养相结合的“元阳模式”，集装箱养殖粪污和尾水进入稻田作为肥料，实现了渔稻双赢；创新了控温、控水、控苗、控料、控菌、控藻“六控”技术，实现受控式生产。经权威专家评价该模式为国内外首创，达到国际先进水平。

（二）示范水平不断提升

各地通过项目扶持、示范带动、现场观摩、技术培训等方式，示范面积不断扩大。现已在广东、山东、贵州、河北、江苏、安徽、西藏、湖北、广西、宁夏、北京等25个省（自治区、直辖市）推广应用箱体3 000多个，并在埃及、缅甸等“一带一路”国家示范应用。适养品种不断增多，罗非鱼、乌鳢、宝石鲈、巴沙鱼、金鲳、鳜、加州鲈、金目鲈、海鲈、老虎斑、泥鳅、黄河鲤、草鱼、禾花鲤等10多个品种在不同区域规模化试养成功。示范标准启动建立，制定了集装箱养殖平台的标准体系表，启动《集装箱养殖技术通则》等团体标准制定，有关企业已完成了一批养殖集装箱制造、专业饲料、清洁生产等方面的企业标准，为集装箱养殖规模化推广奠定了基础。

（三）综合效益逐步显现

经济效益可观，如顺德模式养殖乌鳢每亩年净利润为3.78万元，较传统养殖池塘增加72%；生态效益显著，集装箱养殖节水节地、生态循环，实现养殖尾水生态化处理，为尾水生态化处理提供了新的解决方案，有利于促进水产养殖绿色转型升级；社会效益可期，集装箱养殖将池塘从生产中解放出来，促进了休闲渔业和产业融合发展，在产业扶贫中表现出良好的应用前景。

二、集装箱养殖发展问题与建议

当前，集装箱养殖发展势头较好，但也存在一些亟须解决的问题。一是技术模式有待进一步优化。需进一步提高系统稳定性，降低技术风险，特别是水质调控、尾水处理以及不同区域不同品种的适应性等问题。二是产业配套有待进一步完善。产加销一体化建设还有待加强，订单生产、加工转化步伐需加快，配套新型经营主体、产业人才、扶持政策还有待进一步完善。三是品牌宣传有待进一步加强。对集装箱养殖的优势特点还宣传不足，绿色品牌创建刚刚起步，优质优价的市场品牌营销有待加强。针对上述问题，对策建议如下：

（一）加快技术集成熟化

充分发挥中国集装箱式水产养殖技术创新战略联盟作用，构建政、产、学、研、推、用“六位一体”的技术创新平台，选择一批关键性、方向性、前瞻性的技术问题，开展联合技术攻关，加快配套关键技术的集成创新和示范推广；积极构建跨学科、跨领域的专家团队和联合协作机制，促进水产养殖、遗传育种、病害防控、营养饲料、清洁生产等技术的深度融合；进一步加强技术培训和交流，推动相关技术信息和成果的共享，促进技术成果转化应用和宣传普及。

（二）加强技术标准配套

进一步加强集装箱标准体系的研究，加快推进《集装箱式水产养殖技术通则》等技术标准的出台，加快制定高效集污、尾水生态处理、养殖品种、防病体系、配套饲料、设施装备等方面的关键指标和技术标准。加强标准宣贯，积极倡导在环境承载力下的规范发展，在更大范围、更高层次上推进集装箱养殖的规模化、集约化和规范化。

（三）加强示范主体培育

各地要积极选择一批有基础、有优势、有积极性的地区，建立一批高标准的集装箱养殖示范基地，加强试验示范。通过典型带动、现场观摩、宣传引导等方式，不断加大集装箱养殖技术的示范力度。通过项目扶持，培育一批有志于参与集装箱养殖的企业、养殖大户、合作社、专业化服务组织等新型经营主体。

（四）加强绿色品牌打造

积极宣传“集装箱养殖”绿色、优质、生态的大品牌，创立一批以集装箱养殖为核心的区域公共品牌和企业品牌。以绿色品牌为导向，建立健全产加销一体化生产经营体系、质量安全追溯体系和产业服务体系，创新建立全产业链运营模式，实现品牌增效。

（五）加强产业配套服务

以国家水产技术推广体系为依托，构建与产业化相关的技术和服务体系，加快培育苗种供应、技术服务、产品营销等方面的经营主体，完善产业配套服务。根据乡村振兴战略和绿色发展要求，推动制定一批集装箱养殖产业发展规划，明确发展目标和区域布局。积极争取有关部门资金支持，推动集装箱养殖纳入农机补贴目录和柴油补贴范围。

Chapter 2

第二章　陆基集装箱式循环水养殖关键技术

第一节　技术原理和特点

一、技术原理

陆基集装箱式循环水养殖模式是将集装箱养殖箱体摆放在池塘岸基，箱体内实施高效养殖，养殖箱体与池塘建设一体化的循环系统。从池塘抽水，经臭氧杀菌后在集装箱内进行流水养鱼，养殖尾水经过固液分离后再返回池塘生态处理，不向池塘投放饲料和渔药，池塘主要功能变为湿地生态净水池（图 2-1）。另外，通过高效集污系统，将 90%以上养殖残饵、粪便集中收集处理，不进

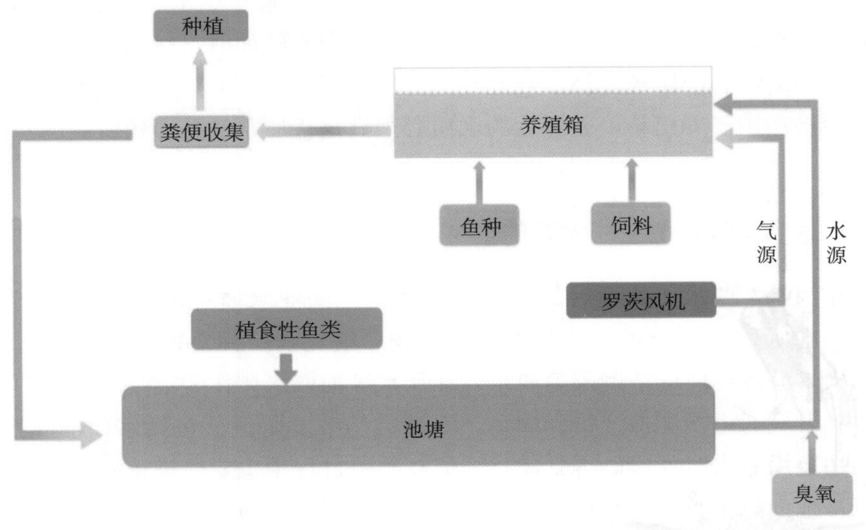

图 2-1　陆基集装箱式循环水养殖技术示意

入池塘，降低池塘水处理负荷，大幅延长池塘清淤年限。集中收集的残饵、粪便引至农业种植区，作为植物肥料重新利用，实现生态循环使用。

二、技术特点

一是保持池塘与集装箱不间断地水体交换，常规 1/3 公顷池塘配 10 个箱（即 1/15 公顷池塘配置 2 个集装箱），每个集装箱中的水平均每天可循环 6～10 次。箱体配有增氧设备、臭氧杀菌装置等，能够调控养殖水体，降低病害发生率。二是箱体内采用流水养鱼，鱼体逆水运动生长，符合鱼类生物学特性和生活习性，再加上定时定量投喂全价配合饲料，减少饲料浪费，饲料系数达到 0.9～1.2，成鱼品质较传统池塘明显提高。三是可将养殖废水进行多级沉淀，集中收集残饵和粪便并作无害化处理，去除悬浮颗粒的尾水排入池塘，利用大面积池塘作为缓冲和水处理系统，可减少池塘积淤，促进生态修复，降低养殖自身污染。

第二节　养殖尾水处理工艺（生态处理池塘）

陆基集装箱式循环水养殖技术的一个核心特点就是将养殖箱中的养殖尾水排出箱外进行异位处理，循环回用。由于是异位处理，尾水中没有养殖对象，可以不用再顾及尾水处理方法对养殖对象可能带来的即时直接危害，并大大增加了单独或组合应用各种污水处理技术方法的可行性；另一方面，由于尾水处理后要循环用于养殖箱，处理后的水质必须满足优质水产品养殖所需的水优质要求。

一、循环水养殖对水质的要求

作为基本要求，处理后的尾水必须达到《渔业水质标准》（GB 11607—1989）中所列的重金属、农药以及硫化物、氟化物、挥发性酚、黄磷、丙烯腈、丙烯醛等物质的浓度限值要求，在从水源抽取水体作为集装箱养殖的循环水时，就应通过检测保证得到满足。石油类的浓度限值（包括水面油膜控制）虽然在取用原水时就应已得到满足，但在养殖过程中也要严格控制任何可能的示范基地内源排放，这对集装箱养殖并不难做到，因为绝大多数设备使用的是电能。如此一来，集装箱养殖尾水处理循环使用需要关注的水质指标主要是以 BOD_5 为代表的有机物、凯氏氮和与氨氮相关的非离子氨、悬浮物、溶解氧、

pH，以大肠菌群为指标的细菌和病毒以及水体的色、臭、味等 8 项。

养殖尾水中污染物主要是饵料残渣和养殖生物的排泄物，主要成分是有机碳、有机氮和氨氮以及少量的含磷化合物等。污染物的相当部分是以固体形式存在的，一般在 50%左右，比例随着养殖品种的不同而有所不同，更精确的数据还有待进一步细致的研究；其余则以溶解态存在于水体中。养殖生物单位产量的排污量与饲料的构成和饲料系数有关，饲料系数越高，单位产量排污负荷越高。

在氮污染物中，凯氏氮如果没有被以固体形式移出水体，则一般会氧化变成氨氮，而对鱼类生长容易产生危害的主要是与氨氮成比例存在的非离子氨（NH_3），这个比例与水体的温度和 pH 密切相关。实际水质检测中根据标准方法检测总氮或氨氮相对容易，故《渔业水质标准》（GB 11607—1989）给出了总氮和非离子氨的换算关系，见表 2-1 和表 2-2。当然，并不是氨氮一达到表中的浓度限值就立即对养殖生物有害，这里的限值与养殖水体中氨氮浓度的安全阈值还有很大的距离。由表 2-1 和表 2-2 可见，与温度升高比较，非离子氨在氨氮中的比例随 pH 的增加而增加得更快，因此，在养殖实践中应尽量把水体的 pH 控制在 7.5 以下。存在于水体中的氨氮，在氧气供应充足或缺氧的条件下，在好氧或厌氧硝化细菌的作用下会转化成硝态氮或亚硝态氮。浓度过高的硝态氮和亚硝态氮对鱼类的生长同样有危害，一些研究给出了硝态氮、亚硝态氮、氨氮、非离子氨、氯离子等物质对不同养殖生物在不同生长期及不同温度条件下的半致死浓度，或对鱼类健康或肉质造成不利影响。

表 2-1　氨的水溶液中非离子氨的百分比（%）

温度（℃）	pH								
	6.0	6.5	7.0	7.5	8.0	8.5	9.0	9.5	10.0
5	0.013	0.040	0.12	0.39	1.2	3.8	11	28	56
10	0.019	0.059	0.19	0.59	1.8	5.6	16	37	65
15	0.027	0.087	0.27	0.86	2.7	8.0	21	46	73
20	0.04	0.13	1.40	1.20	3.80	11	28	56	80
25	0.057	0.18	1.57	1.80	5.4	15	36	64	85
30	0.08	0.25	2.80	2.50	7.50	20	45	72	89

表 2-2　总氨（NH_4^+ + NH_3）浓度，其中非离子氨（NH_3）浓度 0.020mg/L（mg/L）

温度（℃）	pH								
	6.0	6.5	7.0	7.5	8.0	8.5	9.0	9.5	10.0
5	160	51	16	5.1	1.6	0.53	0.18	0.071	0.036
10	110	34	11	3.4	1.1	0.36	0.13	0.054	0.031
15	73	23	7.3	2.3	0.75	0.25	0.093	0.043	0.027
20	50	16	5.1	1.6	0.52	0.18	0.070	0.036	0.025
25	35	11	3.5	1.1	0.37	0.13	0.055	0.031	0.024
30	25	7.6	2.5	0.81	0.27	0.099	0.045	0.028	0.022

综上，除某些其他物质外，集装箱养殖尾水处理的主要任务是去除水体中的有机物和氮污染物，为了循环利用，还必须保证水体中氧气的含量足够高、pH在合适的范围，并进行必要的消毒灭菌以保证水体的色、臭、味满足鱼类养殖要求。如果能创造比渔业水质标准更好的水质，那么就可为养殖生物创造更好的生长环境，从而取得更高的产量和更好的产品品质，这正是集装箱式水产养殖模式所追求的目标。

二、尾水处理基本原理与工艺比较

既然集装箱式养殖为尾水异位处理提供了便利，理论上说，大多数用于污水处理的原理与方法都是可以应用的。从原理上讲，不外乎物理、化学和生物方法。物理方法通常用于预处理，是去除尾水中残饵、粪污等固形物的相对低耗高效的方法，能去除尾水中30%左右的新增氮污染物和50%的新增总有机负荷。物理方法包括机械过滤、沉淀、沙滤、泡沫分离乃至膜分离技术。由于养殖尾水中的固形物相对密度比水大不了多少，自然沉淀是一个很缓慢的过程，耗时很长，为此常常不得不投入絮凝剂以加速沉降，这实际上就变成了一种物理与化学方法的结合，同时将增加运行的成本，并在一定程度上改变了分离出来的固形物的组分，可能对回收的固形物的再利用产生不利影响。采用沙滤滤床则很容易被堵塞，水产养殖尾水往往量大，反复清洗滤床十分费工费时。泡沫分离的技术原理类似于某些工业污水处理中的气浮技术，通过向含有活性物质的液体中鼓泡，将活性物质聚集在气泡上，再分离气泡和液体达到去除养殖尾水中悬浮物的目的。因为循环水海水养殖系统中海水更易产生泡沫，因此泡沫分离技术更适宜应用于海水养殖中。膜分离技术是借用工业水处理中的微滤和超滤工艺，虽然其效果明显优于机械过滤，但膜材料的成本往往很高，且运行过程耗能也较大，并不适宜在养殖尾水处理中大规模推广。因此，相较而言，机械过滤是分离和收集水产养殖尾水中的固形物的一种更经济可行的方法。通过适当的设计，它可以利用水流的能量以减少甚至避免能耗。养殖尾水中的固形物是一种很有利用价值的生物质资源，机械过滤不改变所收集的固形物的成分，不会对后续的固形物多途径利用造成不利影响。

能用于水产养殖尾水处理的化学方法也有若干种。如前所述，施用絮凝剂就是化学方法之一。常见投放化学药剂给养殖尾水消毒，以杀灭尾水中的致病生物，如有害细菌和病毒、有害藻类及其孢子等。这种方法早期使用较多也比较有效，但对有保护层的孢子和虫卵并不奏效，长期连续使用还容易使某些有害菌株产生耐药性，特别是某些药剂会形成有害残留，对水产养殖环境造成二次污染，因此不宜频繁使用。一种较好的水产养殖尾水化学处理方法是臭氧处理技术。臭氧处理不仅是一种有效的消毒手段，而且对养殖尾水中积累的氨氮、亚硝酸盐有氧化作用，并能降低有机碳含量和COD，去除水产养殖尾水中多种还原性污染物。臭氧具有高效、无二次污染等特点，目前在水产养殖尾水处理中被广泛应用。其他化学方法还有电化学技术，可以用来去除水产养殖尾水中的总氨氮（TAN）、亚硝酸盐、总有机碳（TOC），具有高效、适宜水产养殖环境条件、设备较小、产生污泥较少、启停快速等优点。

生物方法是最具潜力、最复杂、最具多样性的水处理方法，可利用的生物涵盖微生物、藻类、水生植物和水生动物等各种生命形式。微生物本来就是大自然的“清洁工人”，其功能在污水处理领域得到强化后开发出了数十种不同的污水生化处理工艺技术，先抛开经济性和对水产养殖环境条件的适宜性不论，仅从技术上来说，这些污水生化处理技术都可以用于水产养殖尾水的异位处理或至少可供借鉴。同时，由对水产养殖尾水进行原位处理而特别发展出来的微生物处理技术显然也是可以用于养殖尾水的异位处理的。这包括向水体里投放专门培养出来的硝化细菌、光合细菌、枯草芽孢杆菌及多种复合微生物制剂等有益微生物，帮助调节水体的菌相和藻相平衡，或直接作用于有机物、氨氮、亚硝氮、硫化物等，降低其浓度。当然，持续使用这些生物制剂显然不具备经济性，也容易导致微生态不能稳定地自平衡。对于大宗的养殖尾水的异位处理，这类投放微生物的方法不应成为首选，最好的方法还是在尾水处理设施中建立起自平衡的、高效的微生态系统。

把植物用于水质净化是污染生态治理的一个重要手段或环节，是污水净化技术开发的另一个热门领域，可用于此目的植物从潜水植物、浮叶植物、漂浮植物到挺水植物多达数十种。植物的最大作用是为水体里的微生物、各种水生动物提供更好的生境，如更多的微生物和某些水生动物可以附着在植物的根茎叶上，提高单位水体内的生物量，从而提高水体的生物净化能力。其次，植物自身可以吸收同化部分污染物，并通过光合作用或传输作用为水体乃至底泥增加氧气。植物的利用在水产养殖尾水异位或原位处理中都是一个值得高度重视的方向。

微型藻类具有植物的基本功能，而由于可以密集地分布于水体中，比起大型植物，微藻吸收同化水体中的碳、氮、磷等营养物质的效率更高，故近年微藻处理高含氮的工业污水得到应用，甚至还有利用微藻处理城市污水的工程案例。对于水产养殖尾水处理而言，更看重的是微藻的高效产氧功能，这对养殖尾水的自然复氧极其关键。然而，微藻有对养殖生物有毒性的有害藻和可作为某些水生动物饵料的有益藻，在利用微藻处理养殖尾水过程中，如何抑制有害藻而培植有益藻，并且把藻的浓度控制在一个有益无害的范围，从某种意义上说是一个系统工程。

水生动物包括微小的水生动物和看得见的鱼虾贝等大型水生动物，各种小型水生动物是自然和健康的水体生态系统食物链中应有的环节，有的会直接摄食水体中的有机物或细菌，有的会摄食藻类或更小的动物，对水体净化起着直接或间接的作用。利用大型水生动物净化水质的做法也不乏实例。例如，利用某些贝类或耐污鱼类摄食上级养殖尾水中所含的残饵、粪便，再通过收获这些贝类和鱼类移除水体中的部分污染负荷。又如，利用食草鱼类或滤食性鱼类消费水体中的部分植物或藻类的生物量，可以作为构造平衡的水生态系统的一个可选手段。

基于以上的基本原理及其组合可以构造出多种多样的水产养殖尾水处理工艺和设施，从工艺方法的角度可粗略划分为原位处理、半异位处理和异位处理。在一个池塘养殖，又在同一个池塘里采取措施进行水质净化和控制就是典型的原位处理，还有其他的类似情况，在此不赘述。从工艺形式的角度可划分为工业化处理设施和自然生态处理设施两大类，其中后者又有生态池塘和人工湿地两个代表性工艺形式。一种典型的工业化设施是置于工业化养殖池中的生物膜过滤器，该过滤器与养殖生物活动区之间做了适当的隔离，养殖水体被驱动流过该过滤器从而得到一定程度的净化，以满足养殖对水质的要求。另一种“分区养殖”技术是把养殖池划分为养殖区和水质净化区，养殖区的尾水循环到水质净化区经过沉淀过滤后又循环回到养殖区。以上两种模式大致属于半异位处理。再进一步就是在养殖池、箱之外或池塘岸边上安装固液分离器或生物过滤器，抽取养殖池、箱或池塘的水体进行处理后循环回到养殖池、箱或池塘。这种方法已经演化到了异位处理的范畴。上述工厂化处理设施因水质净化总体效果受限，设备的使用寿命、故障率及高能耗等问题而时有被人诟病。

近年来受到青睐的异位处理工艺形式是生态池塘和人工湿地系统，两者可以单独使用也可组合使用，可用于池塘养殖尾水的异位处理循环回用或排放，也可用于集约化养殖如集装箱式水产养殖尾水的异位处理循环回用。显而易见，生态池塘和人工湿地是一种复合的生物水质净化系统，其全面利用微生物、藻类、水生植物和水生动物的水质净化功能及其协同作用，同时利用自然的光、热和风为系统提供能源。池塘和湿地系统具有多种水质净化功能，包括物理过滤、吸附、沉淀、植物过滤及微生物作用等，能有效去除水产养殖尾水中的氮、磷等营养元素，也能去除一定的生物需氧量（BOD）、化学需氧量（COD）、悬浮物含量（SS），并有自然复氧功能。这种生态处理工艺特别适宜水产养殖的环境条件，具有投资少、运行费用低、管理方便等突出优点。人工湿地还有潜流湿地和表面流湿地之分，潜流湿地又分为水平潜流和垂直潜流。潜流湿地比表面流湿地一般效果更好，但工程投入也相应增大，且会给管理带来新的工作量。特别是潜流湿地需要采用碎石等作为基质，会影响农用地的属性，不推荐作为水产养殖尾水的处理设施。

三、生态池塘尾水处理系统

在近年的陆基集装箱式水产养殖实践中，配套的养殖尾水处理设施是被称为“三级塘”的系统。顾名思义，这是一个由三级生态池塘串联组成的尾水处理塘，它们实际上是传统上称为氧化塘的技术应用，包括好氧塘、厌氧塘、兼性塘、稳定塘等，如果在塘里种上各种植物，就与表面流人工湿地有类似之处，因其中形成了从微生物、藻类到水生植物和动物的生态系统，故可笼统地称为生态池塘。这种处理设施较好地适应了水产养殖的环境条件，全面地利用了污水处理的物理、化学和生物处理技术，特别是全面利用了生物处理的微生物、藻类、植物与动物处理机制，试图最大限度地发挥生物净化的作用。

典型的生态池塘系统由三级塘组成，一般按3～5个集装箱配1/15公顷池塘水面的额度规划池塘总面积，一个“三级塘”系统中的三个塘的面积比推荐为1∶1∶8。

从集装箱排出的养殖尾水在进入生态池塘之前，首先经过固液分离器过滤出尾水中的残饵、粪污等固体，残饵、粪污收集浓缩后作为生物质资源进行再利用。如果选取固液分离器网眼的大小为120微米左右，则可收集固体颗粒物达90％以上，减少进入生态池塘的有机负荷50％左右、氮污染负荷30％左右。经过三级生态池塘处理的尾水被抽取送入集装箱回用的过程中，根据水体中的总大肠菌数超标与否，决定是否在进水管中加入臭氧进行杀菌消毒，在这一过程中也可以氧化部分有机污染物和氨氮、亚硝氮等。

生态池塘第一级单元可称为沉淀酸化池，主要功能是沉淀小于120微米的固形物。为了保证有足够的沉淀时间和避免沉淀物被水体扰动重新泛起，第一级单元水深宜为4.5～5.0米，尾水在此的停留时间应大于5小时。水深较深使之兼有表面氧化反应、底部酸化和厌氧反应的功能。必要时，可考虑在该塘底部施放一些随时易于清理的人工填料。在基本满足推流条件的情况下，第一级生态池塘从进水端到出水端的长度 L 应满足式（2-1）的要求。

$$L \gg \frac{U}{w} H \tag{2-1}$$

式中，H 为塘深；U 为池塘水体推流的流速；w 为过滤后剩余的小于120微米的残饵、粪污固体颗粒的沉降速度，可按斯托克斯公式（2-2）近似估算。

$$w = \frac{2(\rho_s - \rho) g a^2}{9\mu} \tag{2-2}$$

式中，ρ_s是固体颗粒的相对密度；ρ 为水的相对密度，μ 为水的动力黏滞系数；g 为重力加速度；a 为颗粒的中值半径。

生态池塘的中间单元实际上是一个兼性塘，功能以除磷脱氮为主，水深为3.5米。通过在该兼性塘底层的厌氧反硝化过程可除去尾水中一部分多余的氮元素。根据前述的面积分配比，尾水在这个3.5米深的单元停留时间应大于4小时。必要时，亦可考虑在该塘底部施放一些随时易于清理的人工填料。

生态塘的最后一个单元可称为生物复氧塘，其主要功能是依靠有益藻类自然复氧，当然藻类的生长也可吸收同化部分氮磷。由于水体透光深度的限制，该单元的深度一般为2.0米，而尾水在这个单元的停留时间应大于18小时，这个时间接近藻类世代更替的平均时间。监测数据表明，在形成了良好的藻相后，气候和天气良好的条件下，藻类可将水体的溶解氧提高到8～10毫克/升，此等水体回用有利于养殖生物的健康。

各塘的平面形状应使从进水端到出水端的长度大于其宽度，以利于形成推流，若因地形关系造成塘的平面形状不规则则可能出现水流短路的情况，应采取适当措施加以改善。为防止水流短路，还应尽量采取接近全宽布水的措施。特别是对第一级的沉淀酸化池和第二级的兼性塘要保证从表面进出水，以形成有力的分层流。第一级塘和第二级塘四周的斜坡浅水区可考虑种植一定的水生植物。第三级塘则可考虑在全塘适当种植植物，以合适的沉水植物为首选。若选用浮叶或挺水植物，应避免其覆盖全部水面，以为藻类的繁殖和生长留出足够空间。

生态池塘系统的设计和运行应基于其处理污染物的能力。以三级串联的生态池塘为例，设在第三级池塘取水回用的某污染物水质标准限值为 C_s，基于完全混合模式及一级反应动力学物质平衡方程，进入第一级池塘的尾水中该污染物的最大允许浓度 C_0 可用式（2-3）计算。

$$C_0=(K_1T_1+1)(K_2T_2+1)(K_3T_3+1)C_s \tag{2-3}$$

式中，k_i（i=1，2，3）分别为第一级、第二级和第三级池塘中该污染物质的降解速率常数；T_i（i=1，2，3）分别是尾水在第一级、第二级和第三级池塘中的水力停留时间。式（2-3）可以用于三级塘的设计。当池塘系统中为推流模式时，则可以导出另一套计算公式。须知，除非进行三维模拟，否则假定任何流动模式都存在一定误差。

在实际运行中，一个三级塘系统所服务的全部集装箱每天所排出的全部该污染物的总量 W_p 须小于或等于系统的污染负荷承载力 W。W_p 的一种计算方法是：

$$W_p=(1-p)\alpha B(\beta-1)\delta \tag{2-4}$$

式中，B 是该三级塘系统所服务的全部集装箱中养殖对象的总生物量；α 是日投料率；β 是饲料系数；δ 是单位重量残饵和养殖生物排泄物混合物所含该污染物的比例；p 是在固液分离过程中被去除的该污染物的百分比。

由式（2-4）可知，要适当控制进入生态池塘的污染负荷，首先对尾水进行固液分离是非常必要的；其次要适当控制养殖的总生物量；最后是要改进饲料的品质，以减小饲料系数和单位重量饲料投放所产生的污染物。从生态池塘的角度考虑，由式（2-3）可知，生态塘承受污染物的能力与回用水污染物的允许浓度、各塘的水体体积和尾水在各塘的水力停留时间及各塘的降解系数成正比。其中各塘的降解系数与各塘的生态系统的完整性、成熟度和稳定性成正相关；不同污染物降解系数在各塘的数值是各不相同的，而且会随着水流状态、季节、气候乃至天气的变化而变化。

四、新型尾水处理技术展望

传统的氧化塘一般水力停留时间至少达到数天，与此相比，在前面介绍的三级塘总的水力停留时间偏短，存在微生物和藻类被冲洗的风险，影响生态池塘处理尾水的效果，这就是为什么建议在池塘加入人工填料或适当种植植物，以增加稳定的微生物生物量。在三级塘的第一级塘之后增加表面流植物人工生态湿地则可更加有效地保证全系统有相当数量的稳定的生物量。因此，加入人工生态湿地单元应该成为今后生态池塘水产养殖尾水处理设施的标配。不管系统里串联多少个单元，都可得到与式（2-3）类似的设计公式。在总用地面积相同的条件下，采用并联或混联系统的效果及其与串联系统的比较也值得探究。

作为替代生态池塘系统的另一种尾水异位处理回用措施，采用种上植物的生态沟渠可大大增加系统中的附着微生物生物量，基于一级反应动力学和推流模式，其设计公式为：

$$L=\frac{U}{k}\ln\frac{C_0}{C_s} \tag{2-5}$$

式中，L 为所需的生态沟渠长度；U 为生态沟渠中的流速；k 为生态沟渠中的污染物沿程降解系数。与生态池塘比较，在其他条件相同的情况下，生态沟渠单位水体氧化有机物和氨氮的能力一般应比生态池塘的单位水体效率高很多。但由于沟渠边坡占地太多，在同样的用地面积上，建设生态沟渠所得容积会比建设生态池塘所得容积小很多。

由于生态池塘和生态沟渠都是利用自然生态系统处理养殖尾水，都存在对季节和气候敏感、处理能力不稳定、处理效果难以控制和保证的问题，而且在推导前述公式（2-3）及公式（2-5）的过程中，均未考虑氧的供应和平衡问题，这也是上述生态池塘和生态沟渠处理能力和效果的关键制约因子。因此，开发效果更佳、可控性和稳定性更好的半工厂化半生态化的水产养殖尾水异位处理技术是非常必要的。

第三节　固体粪污的再利用途径

集装箱养殖的尾水中含有一定的固体废弃物。如彩图1所示，集装箱尾水首先通过微滤机，微滤机有一个鼓状的金属框架，转鼓绕水平轴旋转，上面附有不锈钢丝（也可以是铜丝或化纤丝）编织成的支撑网和工作网。微滤机结构精巧，占地面积小；自动反冲洗装置运行稳定，管理方便；设备水头损失小，节能高效。通过微滤机的处理，水中细小的悬浮物被筛网过滤截留，尤其是去除藻类、水蚤等浮游生物，实现固液分离。在过滤的同时，可以通过转鼓的转动和反冲水的作用力，使微孔筛网得到及时的清洁。通过过滤收集 90%的养殖粪便和饲料残渣等，可以直接用于种植蔬菜、瓜果、牧草等（图 2-2）或经厌氧发酵后再用于种植。另外，除了以上常用的滚动式微滤机，还有如彩图 2 所示的平膜微滤机，利用传送带的作用实现干湿分离，过滤大颗粒残渣。

图 2-2　粪便和饲料残渣等的收集与利用

第四节　集装箱养殖水体动力学

整个养殖过程，通过水泵不间断从生物净化池抽取干净水源至集装箱内部的抽提作用和集装箱的不间断排污，加上罗茨鼓风机的增氧作用和集装箱底部 45°倾斜角的影响，使得集装箱体内部水体一直处于循环流动状态。经测算，箱体内部水流平均速度在 0.06 米/秒（彩图 3）。因此，集装箱养殖具有跑道式养殖的作用特点，养殖对象在箱体内部的运动状态改变了其肌肉质构特征和生长性能。

第五节　集装箱养殖水产动物福利保障措施

一、集装箱养殖的水产动物福利

1976 年，英国动物学家 Hughes 首次提出动物福利（Animal welfare）的概念，动物福利即指动物生活在适宜的居住环境，表现为身心健康、环境舒适、个体安全、行为正常、无不必要痛苦的状态。1986 年，有学者将动物福利定义为“动物适应其环境的状态”（李秋璇等，2017）。目前，国际上公认的实用、综合的标准是英国“农场动物福利委员会”（Farm Animal Welfare Council，FAWC）于 1993 年提出的农场动物“五大自由”，指出动物享有免于饥饿、免于不舒适、免于痛苦伤害和被疾病折磨、免于恐惧与悲伤以及正常表达习性的五大自由（刘宇，刘恩山，2012）。

根据动物福利的定义，集装箱中水产动物福利是让水产动物在康乐的状态下生存，包括无行为异常、无任何疾病、无心理紧张压抑和痛苦等。水产动物福利贯穿于饲养、运输和屠宰的全过程。改善集装箱中水生动物福利可保证水产动物在人为的管理下得以享受基本的生存待遇，减少因应激反应发生各种疾病或因生存环境恶劣引发的各种疾病，提高水产动物的健康质量，从而为人类提供健康食品（冯东岳，尤华，2015）。

二、提高集装箱养殖水产动物福利的关键措施

改善动物福利要从养殖环境、生产管理、疫病防控、运输屠宰等方面重点关注，着力改善动物生存环境，加强疫病防控，实施人性化管理、废弃物无害化处理、人道运输和屠宰，降低应激水平，增强动物机体免疫机能，满足动物行为需求，提高生产性能和繁殖性能，从而改善动物产品品质，保护生态环境（吕晓娟，2019）。

（一）创造良好养殖环境

集装箱养殖箱内应尽量减少噪声与尘土，减少对养殖对象造成应激和污染。养殖环境如水深、水温、pH、溶解氧、盐度、光照、重金属和其他卫生指标应与养殖水生动物相适应。投放鱼苗时，温差要控制在 2℃范围内，盐度

差控制在 5 以内，以减轻鱼苗因环境改变而产生应激反应。应常对养殖水体进行检查、监控，观察水面、充气、水温和养殖鱼类有无异常，发现问题及时处理。应安装自动报警装置。养殖过程中，为避免由于同一养殖箱中鱼类个体不一而造成部分鱼体生长过缓、“老头鱼”的出现，需进行分箱。分箱过程中，应尽量避免鱼类置空、拥挤、操作不当、水质局部范围恶化等（刘笑天等，2016）。

（二）进行科学日常管理

控制合理的集装箱养殖密度可减少由于水产动物身体接触造成的伤害，减少采食时相互干扰和争抢，减少躲避时的妨碍，减少病原菌和寄生虫传染。应定期进行分养，按照水产动物不同种类、不同生长阶段营养需要，制定合理投喂方案和投饵量，投喂高效、优质、环保型配合饲料，保证养殖水产品质量安全。做到科学投喂，采取“四定”原则，即定时、定质、定量、定位，以提高饲料效率，并减少对水环境污染。养殖、捕捞等操作工具应无毒、无害、光滑，避免划伤鱼体。

（三）积极进行病害防治

在集装箱养殖过程中，应采取预防为主的疾病综合防治措施。对发病的水产动物应及早诊断并采取治疗措施。疫苗接种人员应接受过相关培训，疫苗接种时，要尽量减少养殖水产动物应激反应，使用的疫苗应符合产品消费地的法律法规。使用鱼药时，应按照药物使用规范与要求合理用药，防止药物残留和病原产生耐药性。须及时捞出死亡水产动物，作深埋等处理。及时识别并救治受伤和生病的水生动物；水质符合鱼类健康要求；有适当的设备、设施用于隔离和移出受伤的水生动物；定期进行水质监控；定期监控和评估水生动物的平均重量和大小以分级饲养；正确称量饲料；不符合条件的水生动物以人道的方式移出和销毁；养殖密度不能超过法律或自然的要求；水生动物处理方式应能够防止疼痛、压力、伤害和疾病；水生动物饲料存放区应清洁干净；网眼尺寸应适当，网衣光滑以避免划伤鱼体，人工繁育时应避免近亲繁殖，以防止种质退化、个体变小和抗病力渐衰（刘笑天等，2016）。

（四）合理安排收获、包装和运输

应确保要捕获的水产动物的外观、品质、安全，采取快捷有效的方式以减少养殖动物应激反应和机械损伤。收获时应采取必要措施避免对未达商品规格的水产动物造成伤害。活鱼运输时，应保证其合理存放密度和足够氧气。运输条件与鱼类福利间有较大关联。运输过程中水质恶化、拥挤等诸多因素常会打破鱼体内稳态，造成鱼类福利水平下降，甚至死亡。收获时应采取必要的措施避免对未达商品规格的水产动物造成伤害。需要冷冻的水产品应该保证包装完整（林建斌，2012）。

（五）开发新的集装箱养殖配套技术

对集装箱养殖进行智能化监控，将集装箱养殖与物联网设备相结合，利用APP对溶解氧度、pH、氨氮及亚硝酸盐浓度等指标实施在线监控，保证水质优良、病害发生少、养殖效益高，实现智能化管控（王磊等，2020）。

第六节　集装箱养殖常见病害及防控措施

一、常见病害类型

（一）寄生虫病

寄生虫会导致患病鱼类出现身体损伤等状况，发生严重的病变，严重的会导致其直接死亡。寄生虫在鱼类体内寄生会对其身体组织和器官等产生压迫，导致鱼类生理功能出现完全性丧失，直接掠夺鱼类体内营养，影响鱼类的正常生长发育。寄生虫的排泄物在鱼类宿主体内会产生毒素，造成鱼类身体危害（解晓峰，2020）。

小瓜虫病就是一种常见的寄生虫性原虫病，是淡水鱼类中的一种常见病害。小瓜虫病可致使很多的鱼苗、鱼种死亡。随着水温的改变，小瓜虫病发病的时间也有所改变，在20～25℃或1℃时，虫体最易感染宿主鱼；而当水温在30℃以上时，虫体不能发育，所以在酷热的夏天，小瓜虫病不会发作。小瓜虫病的病征表现是染病鱼体外表或鳃上呈现白色小点，因而小瓜虫病又被称为白点病（薄尔琳，2019）。

（二）细菌性败血症

不同的区域关于细菌性败血症的称呼也不同，其发病是由嗜水气单胞菌、温和气单胞菌、河弧菌生物变种等多种革兰氏阴性杆菌感染导致的。其主要分为溶血性腹水病、出血性腹水病、淡水饲养鱼类暴发性流行病等，是鱼类病害中常见的疾病（薄尔琳，2019）。

（三）亚硝酸盐中毒

经过呼吸作用，亚硝酸盐经鱼的鳃丝进入血液，降低了鱼的血红蛋白数量和红细胞数量，进而削弱了血液的载氧能力，致使鱼的摄食量有所削减，呈现组织性缺氧，缺乏平衡能力。这时鱼的血液为黑紫色或红褐色，甚至内脏器官被膜的通透性也发生了改变，浸透能力下降，形成充血，其症状与出血病类似（薄尔琳，2019）。

（四）病毒病

病原体能够在细胞内进行复制，无法利用药物对其进行有效控制。鱼类疾病发生与个体品种、水温等有着直接的关系，如春季鲤发病时的温度在15℃左右，发病温度不高于23℃。鲤疱疹病毒病仅见于锦鲤和鲤，发病温度约为25℃，低于17℃或高于32℃几乎不发病。草鱼出血病主要发生在草鱼和鲱中，发病高峰在水温26℃左右（刘宇，刘恩山，2012）。鱼类病毒病潜伏期不同，在发病机制、症状表现上都有着复杂性，并且具有较强的传染性，能够快速地传播，这些因素都加大了控制难度，在防治上要以预防为主（薄尔琳，2019）。

二、养殖病害发生原因及特点

（一）水产养殖病害发生原因

养殖生产中若水质不好，养殖品种再好也无法养出优质的水产动物。环境污染、水质污染对水产养殖会造成极大的损失，易溶于水的有毒气体、工厂排放的污染物质都是水质污染的因素。水产养殖中发生病害是无法完全避免的，而在病害发生时乱用药品也是现在水产养殖面临的主要问题之一。很多养殖户不懂得病理药理，大剂量使用药品，导致药物残留，造成水产动物的二次伤害。若在投放前不对水产苗种进行清洁检查，十分容易将外来病原带入养殖环境，造成病害的大面积暴发。陆基集装箱水产养殖的优势是可以控制水质的好坏，但是其净化处理池中淤泥的堆积也会造成细菌的滋生，对水质造成污染，是造成集装箱养殖鱼类病害发生的因素之一（张荣权，2019）。

（二）集装箱水产养殖病害发生的特点

集装箱养殖虽然环境条件有较大的改善，但是仍然存在病害发生的风险，需要认真对待。集装箱养殖病害发生的特点如下：

1. 类型多样，发病快 寄生虫、病毒疾病等在水产养殖周期中较为常见，特别是随着鱼苗在全国范围的快速运输，不同鱼病也出现了广泛流行，已经由单一病害发展成为多元病害。由于养殖户预防观念淡薄，在鱼类疾病发生之后会使用大量药剂，或者频繁更换药物，进一步导致养殖水体承载能力下降。

2. 根治难，易恶性循环 增加药物的使用量并不能够使鱼类疾病症状得到改善，反而为病原体等提供了更加适合繁殖的环境。药物的使用并不能够完全消灭病原体等，寄生虫会通过进一步繁殖将抗病基因进行遗传，增强其耐药性。多种病原体会加重鱼类疾病，形成恶性循环，使环境污染加重。

3. 病原较广，发病时间长 养殖水体既是水产动物生长场所，同时也是寄生虫等的繁殖载体，可能会加重病原体的侵入。以前只有在某种特定时期才发生的疾病，现在会出现在任何季节当中，并且发病时间、疾病种类等出现叠加的现象（解晓峰，2020）。

三、集装箱养殖病害防治方法

（一）集装箱养殖水产养殖动物病害控制常规措施

水产养殖病害防治的主要技术包括药物、免疫、生态与综合防控等。药物防治依旧是我国现阶段水产养殖病害防治技术的主体。在养殖对象放养前应确保引进的鱼苗健康、活力佳，进场的鱼苗须隔离观察一周。养殖系统内、外沟渠、管道需要进行定期消毒，隔断病原传播途径。养殖用具进行消毒处理等。养殖过程对鱼类进行保健，利用大蒜素、多维、维生素 C、三黄散、黄芪多糖、乳酸菌等进行肝胆肠道保健，根据不同品种和鱼不同阶段的状况灵活掌握。

（二）陆基集装箱养殖病害防控存在的优势

陆基集装箱养殖用的是池塘中上层水，上层水溶解氧高、致病菌少，可以减少疾病的发生，有利于养殖水产品的生长安全和产品安全。由于每个养殖箱均可单独调节进气量和进水量，因此可以保证养殖对象最适的溶解氧和水流，从而有效提高产品品质。集装箱养殖对象在流动的水体中成长，几乎无土腥味。集装箱中的水每天循环6～10次，在这种环境下，养殖对象一直在做顶水运动，可以使鱼的肌肉更加紧实且富有弹性，使养殖对象具有嫩、弹、鲜等特点。集装箱的进水口处配有臭氧发生器，通过臭氧杀菌可有效杀灭水中的有害病原菌，进一步保障了水产品安全（王磊等，2020）。

另外，由于所有的养殖对象均在集装箱中养殖，所以在遇到自然灾害时（如台风、洪涝灾害等），可以暂时关闭集装箱的进排水口，停止投喂、利用纯氧进行增氧，待自然灾害过去之后再恢复正常养殖，这样可以最大限度地降低自然灾害对水产养殖的影响（王磊等，2019）。

集装箱养殖有四级屏障病害防控技术体系，针对高密度养殖条件下病害防控关键点，集装箱养殖过程可以通过抽取生态池塘上层富氧水、进水臭氧杀菌、精准调温预防病害、分箱隔离防止病原扩散等措施，减少养殖病害，养殖用药较传统池塘养殖减少90%以上。

第七节 运输环节降低损耗的措施

一、影响集装箱养殖水产品储运存活率的因素

1. 水中溶解氧 鲜活水产品运输一般密度高，水中溶解氧不足极易引起运输过程中集体缺氧窒息而大量死亡。在运输过程中保证水体中溶解氧充足是安全进行鲜活水产品运输的重要条件。一般要配置一定的设备设施，运用增氧机增氧、氧气瓶供纯氧、活水增氧等方法实施增氧。

2. 水体温度 鲜活水产品运输选择在温度较低的夜间、凌晨以及秋冬季节进行运输最佳，水温高时放冰有利于长途运输。降温要缓慢，梯度为每小时不超过5℃，环境温差不超过3℃。目前市场上有专门的冷链物流公司，可以大幅度提高养殖成活率。

3. 运输密度 鲜活水产品运输密度因运输时间、温度、鱼体大小和运输工具不一样。通常运输时间短、温度低、鱼体小、运输工具大，密度可适当大一些。

4. 水产动物体质 运输鲜活水产品一般要求体质健壮，身体瘦弱、有病有伤的水产品不能进行活体运输，否则极易造成死亡和损耗。在运输前要停喂

1～2 天，使体内积食排出，空腹运输，以减少途中排泄，提高成活率（钟小庆，2019）。

5. NH_3 水产品正常生存过程中就会排放出 NH_3，运输过程中水中的 NH_3 含量过高就会造成水产品呼吸困难，出现抵抗力下降、惊厥以及昏迷等情况，严重的甚至可导致水产品的大量死亡（滕振亚，李飞，2019）。

6. pH 水 pH 的高低也是影响水产品运行过程中存活率的一个因素，pH 过高或过低都会让水产动物血液的携氧能力下降，并且 pH 过高还会增加 NH_3 的毒性，还会导致水产品体内的纤维蛋白变性，进而损害其肝脏（滕振亚，李飞，2019）。

二、集装箱养殖运输环节的主要保鲜技术

1. 麻醉保活技术 麻醉保活技术方法主要有两种，化学麻醉法和物理麻醉法。其中化学麻醉药对水产动物影响的因素有很多：一是水产品的种类和个体大小，二是麻醉药的种类和用量，三是麻醉药的温度，四是操作方法。同时，化学麻醉也有很多的优点，如麻醉效果好、操作简单。但化学麻醉也存在着缺点，如存在着一定的毒害性，损坏了运输水产动物以及环境，同时对食用人群也可能产生影响，因此限制了其使用。在对于鱼类等水产动物，化学（麻醉）保活法一般会在水或饮食中添加麻醉剂，麻醉剂是在水产动物呼吸和捕食过程中摄入，使其麻醉，接着水产动物便进入了深度休眠的状态。水产品在麻醉剂的作用下，表现出镇静状态。同时，麻醉剂减缓了水产品的新陈代谢能力，又能减少水产品与氧气的作用，还可以降低水产品的能量消耗。在运输过程中缓解了水产品的应激反应，而且有利于长途运输，方便了其他操作（陈康健等，2019）。

2. 净水法 水质是鲜活水产品运输过程中的主要影响因素，水产品的呼吸、新陈代新都会污染水质，进而导致水产品大量死亡，所以保持水质就可以极大地提高水产品在运输过程中的存活率。例如，在水箱底部铺上一层膨胀珍珠岩或者活性炭来吸附水产品所产生的废弃物，再配合制氧机，就可以一定程度上保持水产品在运输过程中的高存活率（滕振亚，李飞，2019）。

3. 低温休眠法 冷血类水产品一般都会有一个固定的生态冰温，如果采用适合的梯度降温方法，逐渐将水产品周围的温度降低到这个温度区间，冷血类的水产品就会陷入一种假死状态，这时其呼吸和新陈代新都降低到一个极点，以此来实施运输过程中的保鲜保活。但该技术也有缺点，那就是每一个水

产品的生态冰温都不尽相同，且持续时间都不一样，控制起来比较麻烦（滕振亚，李飞，2019）。

4. 冷冻保鲜　冷冻保鲜是利用将水产品的中心温度降低至－15℃以下，令其体内大部分水分冻结，然后进行运输和贮藏的一种保鲜方法，这种方法会使水产品体内的微生物和生物酶的活性都得到有效抑制，可以长时间地保持水产品的营养价值和味道（滕振亚，李飞，2019）。

三、运输环节降低损耗的举措

1. 严格挑选活鱼　运输的鲜活水产品必须经过严格挑选，要求体格健壮，身体无病、无伤，因为带病带伤的鲜活水产品经不起运输刺激，极易造成死亡。鲜活水产品在下网、起鱼、过数、装袋、进箱、搬移等一系列操作中应力求动作轻快，以减少鲜活水产品机械性损伤，提高运输的成活率（钟小庆，2019）。

2. 选用合适的容器　采用不同的运输工具就要选用合适的容器。例如，汽车运输则要选用立式白铁皮箱（桶），根据不同类型的汽车制作不同规格的白铁皮箱（桶），以增加汽车运输鲜活水产品的数量，方便管理，如果能配上增氧机设备，运输则更为安全（钟小庆，2019）。

3. 调节合适水温　鲜活水产品运输水温以6～15℃为合适。水温在5℃以下鱼体则易受冻出血，滋生霉菌；15℃以上时，鱼体活动强，新陈代谢加快，排泄物增多，加快恶化水质，损耗增加。夏季鲜活水产品活动强，新陈代谢加快，排泄物多，应采取降温措施，如放置冰袋，也可安排凌晨或者夜间运输，避开高温；冬季过冷时也不适宜运输。运输时间最好安排在白天，以防冻伤或者冻死，以提高运输成活率（钟小庆，2019）。

4. 加强运输途中管理　运输之前或者途中都要检查盛装鲜活水产品的容器是否破损，鲜活水产品是否正常，有无浮头或者死亡现象，水温及含氧量是否有显著变化。运输用水一定要清洁，溶解氧含量要高，途中要勤换水（钟小庆，2019）。

四、陆基集装箱养殖收获及运输

在收鱼时，搭配二氧化碳麻醉，可以做到无伤收鱼，使鱼的品相保存完好，更易被市场所接受。由于长期在集装箱中生长，鱼的耐受能力强，在运输时不易产生过度应激反应，便于长途运输且成活率高。目前，陆基集装箱养殖的水产品已获得多个绿色食品认证，具有较高的食品安全性（王磊等，2020）。

随着社会对生态环保、水产品质量安全等要求的不断提高，绿色高质量的养殖模式将成为未来水产养殖绿色发展的重要方向之一。陆基集装箱养殖作为一种循环水养殖模式，为传统养殖业提供了一条新出路，使水产养殖不再受地理位置、水域环境、天气变化等因素制约。陆基集装箱养殖因其具有生态环保、节水节地、高效安全等特点，非常符合未来水产养殖发展的方向（王磊等，2020）。

Chapter 3

第三章　集装箱养殖绿色水产品认证——以观星农业为例

集装箱养鱼模式从养殖理念到系统设计都是为了实现养殖品种健康、安全，保证向社会供应优质绿色水产品。一是集装箱养鱼水质可控、温度恒定，病害发生概率小，可有效降低药物用量，成品鱼无药物残留，无重金属累积，符合食品安全标准，检测合格率100%。二是增氧推水养殖使鱼类逆水运动生长，消耗掉多余脂肪，不仅能保持体形美观，还使肉质弹性增强，品质提升，无土腥味，市场售价优势明显。三是箱底设计为10°斜坡，收获时成鱼会顺水流集中到箱底一侧，减少成鱼脱离水体时间，降低成鱼应激反应，防止鱼体损伤，基本实现无伤害收鱼；在运输过程中，无伤成鱼的耐受环境能力强，不易发生水霉病，可避免运输中使用孔雀石绿等违禁药物，从而保障从出箱到餐桌的全程食品质量安全。

广州观星农业科技有限公司是一家致力于集装箱式水产养殖模式研发与应用推广的科技创新企业。近几年，观星农业以集装箱绿色养殖模式为依托，获得了集装箱养殖生鱼、宝石鲈、草鱼、加州鲈和罗非鱼的绿色食品认证。彩图4为观星农业绿色水产品养殖基地实景图。

第一节　绿色食品水产品养殖基本情况

广州观星农业科技有限公司通过绿色食品水产品认证的有5种鱼，包括集装箱养殖的草鱼、罗非鱼、加州鲈、生鱼（乌鳢）、宝石鲈，其基本养殖情况如表3-1所示。

表3-1　水产品基本情况

品种	面积（米^2）	养殖周期	捕捞时间	养殖方式基地位置
草鱼	90	4个月	全年	集装箱式养殖广州市南沙区东涌镇市南路4号
罗非鱼	45	3个月	全年	集装箱式养殖广州市南沙区东涌镇市南路4号

（续）

品种	面积（米²）	养殖周期	捕捞时间	养殖方式基地位置
加州鲈	60	5个月	全年	集装箱式养殖广州市南沙区东涌镇市南路4号
生鱼	60	4个月	全年	集装箱式养殖广州市南沙区东涌镇市南路4号
宝石鲈	45	5个月	全年	集装箱式养殖广州市南沙区东涌镇市南路4号

养殖基地位于南沙区东涌镇绿色长廊风景区，生态环境优美，水质无污染。周边5千米区域内以农业种植和观光旅游为主，上风向20千米内无工矿污染源。所用的是集装箱循环水养殖模式，养殖用水为池塘内循环水，水源与外界独立，且周边无工业、农业、生活污染源。此绿色食品生产区与常规生产区存在明显界限。与常规生产区进排水系统进行分开管理，独立拥有进水和排水系统。养殖系统内配备的固液分离装置，可以去除90%的固体粪便颗粒，作为有机肥料收集利用。之后尾水经过三级生态池塘处理，水质达到优良养殖用水标准。整个过程不对周边环境和其他生物产生污染。养殖苗种来自广州华轩水产有限公司，集装箱养殖箱均用二氧化氯稀释浓度20克/米³进行消毒。养殖过程中摄食饵料主要包括三级净化池中的天然饵料（绿藻、硅藻、桡足类浮游动物）和购买的人工配合饲料（天邦的精养淡水鱼4号料、恒兴的恒兴+图形牌加州鲈配合饲料3号和草鱼膨化配合饲料2218），以上人工饲料均为绿色饲料，具有绿色食品生产资料标志。养殖期间购买速效肥水王稀释后以500克/亩的量泼洒，进行三级处理池的肥水。养殖期间用聚维酮碘和二氧化氯稀释泼洒防治养殖细菌性感染，杀菌消毒。用水产用维生素和水产用维生素C拌料投喂防治养殖对象肠道炎症，提高免疫力。整个养殖期内每月一次将生石灰稀释后以1 500克/亩的浓度泼洒，以净化池水质、调节pH，抑制病菌传播。

5个品种各自分箱独立养殖，捕捞规格分别是草鱼和生鱼1千克，罗非鱼和加州鲈0.5千克，宝石鲈0.4千克。并且与传统方式不同，该养殖模式不用刮网方式，设有快捷出鱼口，位于地面30厘米以上，活鱼通过重力随水流排出箱体，用出鱼桶接收活鱼即可，一个箱在30分钟内可以收获完成，整个过程无损伤。这也避免了运输过程交叉感染，明显提高成活率，也杜绝了运输过程中药物的使用。

第二节　绿色食品水产品质量控制规范

观星农业制定了绿色食品水产品质量控制规范，包括卫生管理制度、投入品使用管理制度、鱼病防治管理制度、生产过程的管理制度、质量内控措施、捕捞及运输管理制度、节能管理制度、安全管理制度、平行生产管理制度。

一、卫生管理制度

第一条　为加强卫生管理，创造一个良好的工作与生活环境，制定本制度。

第二条　具体要求：

1. 厂内严禁吸烟、吐痰、吃食物以及乱扔杂物垃圾。

2. 厂区周围环境卫生良好，道路清洁，不含积水。

3. 排水沟及时疏通，沟内不含杂物，保证沟内水流通畅。

4. 办公室、机房、饲料房、配件房保持清洁干燥，室内物品摆放整齐有序。

5. 保持生产区域清洁卫生，做到不留死角，污渍积水、脏乱物及时清除。

6. 清扫室内房间时，以清扫为主，避免大面积水流冲洗，尽量保持室内干燥，减少湿气。

7. 养殖系统进出水管、池壁、箱顶面勤刷洗，保持其清洁卫生。

8. 养殖系统箱内异物要及时捞出，防止影响鱼类生长。

9. 养殖池内如放置箱笼，箱笼须勤刷洗，保证箱笼内水流通畅、换气均匀。

10. 系统内所有机械设备按时清洁、养护，在提升其效率的同时进一步延长其使用期限。

11. 厂区物品，使用后放置于事先指定的位置，做到谁拿谁放，物归原处。

12. 异常病、死鱼和喂食后残存的饲饵及时清理，保证系统内部空气清新。

第三条　实施细则：

1. 本制度相关责任人为厂内全体员工，部门负责人督促本部门人员切实遵守执行。

2. 全体员工均享有监督权与检举投诉权。

3. 每周五组织一次卫生大扫除，由部门负责人进行检查，检查结果纳入考核范围依据。

二、投入品使用管理制度

第一条　为加强药品管理，确保鱼产品的绿色环保、品质安全，制定本制度。

第二条　用药标准：

1. 不得使用和存放国家严禁使用的药品、激素和饲料添加剂等。

2. 严格遵照国家规定水产养殖用药标准，用药前应先镜检诊断，每次用药应反复探讨、多次协商，并通知厂内其他工作人员。

3. 用药前先禁食，且根据水质指标以及症状等用药，切忌大剂量盲目用药。

4. 鱼只用药以盐疗为主，辅以聚维酮碘和维生素。

5. 养殖消毒用药以聚维酮碘为主，以喷雾形式，系统内外喷洒，每月消毒两次。

6. 水质调节用药以碳酸氢钠、生石灰为主，针对水质状况，用合理剂量进行调节。

7. 器具消毒以漂白粉为主，增设消毒盆、桶浸泡器具，每周更换漂白粉一次。

8. 养殖过程中用药以碳酸氢钠、硝化细菌为主，辅以保肝护肝、大蒜素等保健药物拌料投喂，按剂量使用。

第三条　实施细则：

1. 本制度相关责任人为养殖技术人员，技术人员有权力及义务要求并监督生产人员切实遵守以上管理制度。

2. 基地负责人或厂长应督促厂内全体人员严格遵守《鱼病防治管理制度》。

3. 全体员工均享有监督权和检举投诉权。

三、鱼病防治管理制度

第一条　为加强鱼病防治管理，贯彻执行鱼病防治应急措施，特制定本制度。

第二条　强化及落实“以防为主，防治结合”的管理理念。

第三条　鱼病的预防：

1. 引进的鱼苗应确保健康、活力佳，进场的鱼苗须隔离观察一周，确保无安全隐患。

2. 养殖系统内外、沟渠、管道需要定期进行消毒，隔断病原传播途径。

3. 养殖用具，如捞网、水桶、投喂桶、盆尽量做到每套系统单独使用，使用完后需要进行消毒处理，防止交叉污染。

4. 通常外来人员、车辆需要经过消毒池后才可进入生产区域。

5. 确保饲料的安全储存与投喂，防止饲料霉变、过期。保证饲料营养的同时，辅以保肝护肝药物拌料，定期添加适量比例的维生素以增强鱼的体质和抗病能力。

6. 每天检测水质，对水质状况欠佳的养殖箱及时采取改良措施。

7. 掌握正确的鱼只处理方法，减少不必要的机械损伤，对受损伤的鱼只及时进行盐疗处理，并观察记录。

8. 定期对鱼只进行抽样镜检，及时应对鱼病发生。

9. 增加生产巡查次数，观察鱼只吃料和活动情况，以便及时发现异常情况，妥善处理。

10. 死亡鱼只及时捞出并深埋处理。接触过的器具需要消毒后才可重新使用。

第四条　鱼病的治疗：

1. 先诊断，后用药，切忌盲目用药。

2. 根据水质状况和鱼只镜检结果判断染病程度，采取合适的药物、剂量治疗。

3. 鱼病治疗以盐疗为主，辅以聚维酮碘和维生素。

4. 用药前反复协商、多次探讨，及时给出处理方案，并通知相关工作人员。

5. 用药前的准备工作要按照要求逐步确认，确保准确有效。

6. 用药期间须禁食，并加强巡查，责任到人。

7. 对于严重感染、无治愈希望的鱼只采取无害化处理。

第五条　实施细则：

1. 本制度相关责任人为养殖技术人员，技术人员有权力及义务要求并监督生产人员切实遵守以上鱼病预防管理制度。

2. 全体员工均享有监督权和检举投诉权。

四、生产过程的管理制度

第一条　为加强养殖生产管理，确保鱼只健康快速生长，制定本制度。

第二条　饲养要求：

1. 投喂的饲料应符合《出口食品动物饲用饲料检验检疫管理办法》的要求。

2. 饲料应存放于阴凉干燥、卫生良好、无污染源的仓库。

3. 霉变、变质或过度受潮的饲料严禁使用。

4. 投喂饲料应遵守定时、定位、定量的标准，特殊情况如发病、水质欠佳时应酌情减料。

5. 根据鱼只大小、吃料情况，投喂相应尺寸型号、品种的饲料。

6. 根据鱼的养殖周期和生长状况及时调整到适当的投料量。

7. 更换饲料品牌或型号，中间要有2～3天的混合使用期。

8. 投喂前应参照当天水质，如水质不好则应禁食；如遇捕捞、用药或鱼只行为异常时也须禁食，以便后续工作的进行。

9. 投喂饲料时勿惊扰鱼只，以免影响鱼正常摄食。

10. 投喂饲料时，应均匀泼撒，快慢结合，切忌过快而使饲料堆积。

11. 往饲料中添加维生素时，应严格遵照比例，混合均匀，投喂时应放慢投喂速度，以免药分流失。

第三条　实施细则：

1. 本制度相关责任人为养殖场饲养人员，部门负责人应督促饲养员切实遵守。

2. 非饲养人员帮助喂养，应严格遵守饲养要求。

3. 全体员工均享有监督权与检举投诉权。

五、质量内控措施

第一条　为加强水产品质量控制，确保持续稳定生产，制定本制度。

第二条　加强种苗来源控制：

1. 根据苗种习性、对水质的要求、成品鱼价位以及生长速度等，引进适合养殖的品种。

2. 如引进新品种，可进行小规模的试养，根据结果来确定。

3. 引进苗种前，根据鱼只状况，随机抽样镜检，确保苗种不携带寄生虫。

4. 苗种放入养殖箱后需要隔离 72 小时以上，观察损耗情况。

5. 至少提前一周做好鱼苗引进的前期准备工作。

6. 根据鱼苗规格大小，选择合适的投放密度。

7. 建立鱼苗进场登记制度，记录入箱编号、品种、数量、规格、损耗等信息。

第三条 养殖过程质量控制：

1. 加强养殖过程中的养殖投入品使用管理，严禁使用水产违禁药物。

2. 加强池塘水质监管，促进池塘藻类培育，集装箱养殖用水水质要保证透明度 50 厘米以上，溶氧浓度达到 8 毫克/升，严格控制病害微生物的繁殖。

3. 加强各集装箱养殖箱的巡查，对出现病害感染的养殖箱，要进行隔离治疗，防止病害交叉感染。

4. 建立抽查检测流程，定期随机抽取鱼进行检测，检测内容包括：病菌、寄生虫、外观损伤等。

六、捕捞及运输管理制度

第一条 为加强成鱼捕捞管理，确保市场供给，制定本制度。

第二条 捕捞流程：

1. 根据营销定额和市场需求，确定捕捞量。

2. 每天更新养殖登记表，记录鱼损耗、存活数量。

3. 定期进行鱼抽样，检查鱼重规格、体长等指标，确定鱼只生长阶段，评估成鱼出箱日期。

4. 捕捞成鱼需提前 4～7 天进行吊水，可考虑加入海盐调整盐度到 0.6%，可提高鱼品质。

5. 及时分级筛选，选择符合上市规格的鱼只捕捞。

6. 根据客户需求、运输距离选择适当的运输方式，或鲜活或冷冻。

第三条 实施细则：

1. 本制度相关责任人为养殖场生产主管、销售主管，部门负责人应督促部门人员严格遵守。

2. 建立成鱼出库记录，需养殖场负责人或生产主管人员、销售主管签字确认。

3. 全体员工均享有监督权和检举权。

七、节能管理制度

第一条　为贯彻降低生产成本的目标，提高全体员工的节能意识，制定本制度。

第二条　节能措施：

1. 生产用电：根据养殖生产状况，拟定日常用电的最佳方案，不断探索降低用电量的生产方式和管理模式，加入用电考核指标，减少单位用电成本。

2. 生产用水：根据养殖场的实际情况，拟定日常用水最佳方案，完善管理，探索节水生产方式。

第三条　实施细则：

1. 本制度相关责任人为养殖场生产主管，部门负责人应督促部门人员严格遵守。

2. 全体员工均享有监督权和检举权。

八、安全管理制度

第一条　为加强养殖场的安全管理，确保生产有序进行，制定本制度。

第二条　具体要求：

1. 加强安全巡查管理，排除安全隐患。

2. 加强进出养殖场检查，严防未经许可人员进入。

3. 下班前检查水电供应情况、设备运行情况；交接工作时要交代清楚，责任到人。

4. 加强用电安全管理，电工等维修人员要及时维护、维修电气设备，防止险情发生。

第三条　实施细则：

1. 本制度相关责任人为养殖场门卫、电工、生产主管，部门负责人应督促部门人员严格遵守。

2. 建立门岗登记表，外来人员需要按照规定进行进场登记。

3. 全体员工均享有监督权和检举权。

九、平行生产管理制度

第一条　平行管理监督部门：

由公司生产部指定专门人员，组成绿色食品鱼生产监督小组，对存在平行生产的养殖基地进行监督和检查，对绿色食品鱼和常规产品生产全过程进行统一管理。

第二条　平行生产管理原则：

公司管理应本着“诚信、规范、严谨”的原则，按照绿色食品要求，进行平行生产的管理。可以按照绿色食品的规范进行常规鱼品的生产和管理，但不能对绿色食品鱼生产施行常规鱼品的生产管理方法。严禁将常规养殖区域的鱼品当作绿色食品鱼进行销售。

第三条　养殖区域内常规生产的管理：

1. 绿色食品鱼养殖区域和常规鱼品养殖区域完全分开，距离应该以互相不受影响为好，最好设置防护墙隔离。

2. 储存绿色饲料与常规饲料的仓库应设置明显的标识牌标记。

3. 分别保留绿色食品鱼和常规鱼的投喂、生产、治疗等详细记录。

4. 绿色食品鱼收获时，应使用专用的运输车辆，车辆必须有明显的标识能够进行区分。

第四条　生产加工平行生产的管理：

绿色食品鱼加工应配备专用设备，如果必须与常规产品加工共用一条流水线时，应在常规加工结束后，对设备、设施、工具、工作服、人员进行彻底的清洁与消毒。监督小组指派人员对全程进行监控，检查合格后，方可进行生产，并保留相应的记录。

第五条　加工品包装、存放、运输：

1. 绿色食品的包装必须与非绿色食品的包装分开存放，并做好防护工作，在使用前应用紫外线灯或臭氧进行 30 分钟以上消毒。

2. 绿色食品与非绿色食品应分开冷库存放，如必须在一个冷库中存放的，应进行分区隔离，在不同区进行标识，不许混放。产品入库与库存必须有完整的档案记录，并保留相应的单据。

3. 运输时，绿色食品应与非绿色食品产品分开进行运输，并贴有明显标识。运输前要检查车辆的卫生情况，并用 75%酒精进行消毒后，方可运输和销售。

第三节　绿色食品水产品养殖规程

广州观星农业科技有限公司养殖基地设有鱼苗标粗箱和成鱼养殖箱，鱼苗标粗箱和成鱼养殖箱的规格均为6.1米（长）×2.4米（宽）×2.8米（高），鱼苗标粗箱用于规格小于50克的鱼苗进行标粗，内设有防逃网。成鱼养殖箱用于规格100克以上鱼苗的养成。池塘通风向阳，水源充足，排灌方便，水源没有对渔业水质构成威胁的污染源。水质符合NY 5051《无公害食品 淡水养殖用水水质》的规定；塘水透明度控制在30厘米左右。生态池塘面积约9亩。三级生态池塘水深1.0～1.5米。池底平坦，壤土或沙壤土，淤泥厚度20厘米以下。养殖前抽干池塘，清除多的淤泥，平整塘底，修塞漏洞，清理池塘杂物和塘基杂草，曝晒5～7天，每亩用150千克生石灰消毒，消除野杂鱼和其他敌害。回水30厘米，每亩施绿肥500～1 000千克，或每亩施有机肥250～500千克，有机肥要经过1%～2%生石灰杀毒、发酵腐热（使用原则应符合NY/T 394的规定），以培养大量的浮游生物。施肥2～3天后，将池塘水逐步加深至0.5～0.8米，消毒后5～7天，用数尾鲜活鳙或罗非鱼试水，检验塘水毒性是否消失。

第一批成鱼养殖周期为每年的3—6月，约120天；第二批成鱼的养殖周期为每年的7—9月，约90天；第三批成鱼的养殖周期为每年的10月至次年2月，约150天；3月中旬、下旬，当水温回升并稳定在20℃以上时，每个箱放养鱼苗4 000尾，规格5厘米。养殖品种主要为草鱼、罗非鱼、生鱼、加州鲈四个品种。实行“科学投饲、健康养殖、尾水处理、生态循环”的养殖方式，养殖尾水经固液分离不污染环境，水源经养殖箱和生态池塘耦合形成绿色生态循环。使用配合饲料，日投饵率为鱼体体重的2%～5%，每天投喂1～2次；根据天气和吃料情况灵活调整投喂量，避免鱼体不适或饲料浪费。每天巡视，观察鱼的活动情况；做好管理档案和用药记录，定期分析养殖情况。每个月每亩池塘用15千克生石灰化水泼洒，防止细菌、病毒滋生，稳定pH在7.0～8.0，定期补充池塘水源，保持水深1.5米左右。配备2台2～3千瓦鼓风机（1台备用），保证养殖水体供氧。定期检测养殖箱的pH、溶解氧、氨氮和淡水水质标准质量安全指标。当鱼体体重达到0.5～1千克时起捕上市，全投全捕，实现高产、优质、安全、高效。集装箱养殖箱设有独立出鱼口，直径30厘米，可以实现快捷、无损伤出鱼，整个出鱼过程不超过30分钟。养殖过程中，当水温下降至15℃时，一般12月至次年的3月为越冬期，通常会搭设保温棚进行保温处理。选择体质健壮、体型均匀、无伤无病的鱼，必要时需要集中越冬。养殖箱水温保持在18℃以上，换水时温差不超过±2℃，保持溶氧在3毫克/升以上。日投饵率为鱼体重的0.5%～0.8%，越冬期最后一个月投饵率可以增大到1%，每天2次。

治疗鱼病的同时使用二氧化氯（有效氯含量6.2%），按照100克/亩的量，稀释2 000～3 000倍后，进行全塘泼洒，每隔2天左右施药一次，用于杀菌，防止病原传播；内服水产用多维，按照饲料重量的2%～5%添加，药粉溶解后与饲料搅拌均匀然后投喂，一日两次。

第四节 绿色食品水产品捕捞、运输规程

集装箱出鱼口为镀锌组件，直径300毫米，其外部为快开式人孔盖，通过快开螺母与人孔法兰锁紧。同时，人孔盖还通过一个压紧钳压住，方便快开螺母的松开；在出鱼口快开人孔的内端部，配有一块10毫米厚的PVC挡鱼板，其材质密度不得低于1.3克/厘米^3。通过出鱼口，集装箱养殖箱可实现整箱一次性快捷收获出鱼，出鱼时间小于30分钟。集装箱养殖箱箱顶设有四扇1米×0.8米的矩形天窗，方便箱顶少量捕捞。常用的收鱼渔具包括：圆形桶具（直径80～100厘米，高50厘米，带排水孔），若干；称重量具（0～100千克）；木柄网具；对接滑板（出鱼口到圆形桶具的连接）。

陆基集装箱养殖模式一年可养殖2～3造，养殖品种到上市规格后（0.5～1.5千克），可以在任意时段起捕收鱼。整箱出鱼时，养殖箱中水位排至50厘米深，在箱外打开出鱼口阀门，摆放好对接滑板和收鱼桶具，打开PVC挡鱼板后，即可将鱼随水流排出到圆形桶具中。待水流尽后，称重去皮，即可装水车运输。整个过程对鱼的机械损伤小，出鱼省时省力，不用下到池塘刮网，轻松卫生。如需临时少量捕捞时，可以用网具在集装箱养殖箱天窗处网捕，捕捞过程轻松方便。

可用水车将鲜鱼从产地运到暂养地或加工厂（初加工）。用运输活鱼的专业水车运输，提前用清水冲洗水箱内污物，加满清水后调节水温，通常水温保持在20～23℃，低温可以抑制鱼体代谢和活力，避免水质污浊和碰撞损伤。将称重后的活鱼倒入车厢水池内，密度控制在250～300千克/米^3，因密度较高，需提前开启液氧装置，溶解氧达到9毫克/升以上，以防止运输过程缺氧。

水温超过 25℃，且需长距离运输时，需要用冰块降温处理。用泡沫箱打包车运时，需用食品环保级泡沫箱（壁厚度 1.5～2.0 厘米），内垫一层无毒塑料布，一层冰一层鱼均匀垫放，然后将箱子打包装车，长距离运输过程需要采用冷藏车制冷运输。

Chapter 4

第四章　陆基集装箱式生态养殖技术模式案例之广西桂林示范基地

第一节　养殖示范基地建设

一、示范基地概况

桂林鱼伯伯生态农业科技有限公司成立于 2014 年 6 月，注册资本2 000万元，位于美丽的山水城——桂林雁山区大学城旁，交通便利，环境优美，总占地面积 712 亩（彩图 5）。其中，水面面积 640 多亩，池塘分布均匀，包括稻渔养殖、藕渔共作、生态养殖、集装箱养殖、跑道鱼养殖等多种模式，以淡水鱼养殖为主导产业，养殖品种多元化，有草鱼、禾花鱼、鲟、黄颡鱼、鳅、小龙虾、罗氏沼虾、乌鳢、青鱼、锦鲤、鳇等。年产各类鲜鱼超过1 300吨。以生态水产养殖＋休闲旅游观光＋农产品加工产业链运转，打造成一、二、三产融合发展的综合体，所生产、运输、销售的农产品一物一码，全程可溯源。以“绿色发展、提质增效”为主旨，建设有跑道鱼养殖区、集装箱养殖区、藕渔养殖区、综合功能区、常规养殖区及自动化尾水处理系统、自动化停电停氧报警启停系统等。内设多媒体培训室、渔业文化展示厅、质量安全检测中心等。公司直属企业有鱼伯伯生态渔业科技园、临桂区六塘鱼博士生态水产养殖场、全州县鱼伯伯养殖示范基地、灵川县鱼伯伯生物饲料服务中心、象山区鱼伯伯食品配送中心等。

陆基集装箱安装了底部排污系统，尾水可排放至封闭式微滤机处理，进行固液分离，接着经一级沉淀池（水草、EM 菌或光合菌处理），过陶粒坝过滤，二级净化池（水草和曝气池、“之”字结构挡水墙），到三级净化池（毛刷和水草），经人工湿地过滤坝，再到四级净化池，最后经过鹅卵石潜流，再被抽入陆基集装箱循环利用，达到节约用水及尾水零排放处理（彩图 6）。净化后的粪污直接用作有机肥，适合种植蔬菜、水果等。不但处理了尾水，还节约了大量的水资源且不使用药物，生产出绿色生态的水产品。

二、集装箱养殖示范情况

彩图 7 为桂林集装箱示范基地实况，该示范基地完成 40 套（配套 33 亩生态池）集装箱养殖的试验示范，完成草鱼养殖试验 10 箱 230 米^3，禾花鱼养殖试验 6 箱 138 米^3。每箱投放草鱼苗种3 500尾，规格 50 克/尾；每箱投放禾花鱼苗种60 000尾，规格 5 克/尾。技术培训1 320人次，观摩交流20 000多人次。

第二节　集装箱安装和调试

一、安装和调试过程

集装箱养殖箱体主要部件如图 4-1 所示，分三个阶段完成集装箱式推水养殖系统的安装调试。一是设备安装阶段，养殖箱体和配套设备安装（包括水泵、鼓风机、固液分离装置、臭氧机等）；二是管线安装阶段，进水管道、供气管道、电线线路安装，保证供气、供水、供电，减少损耗和安全隐患；三是试运行阶段，做好相关水、电、气配套，进行箱体加水、设备试运行，检查水密性和设备运转情况，及时解决问题。

二、陆基推水集装箱系统组成

陆基推水集装箱式养殖系统由箱式养殖、杀菌（臭氧发生器）、水质处理、排水（液位控制管及后续管道）、进水（水泵浮台及水泵）、增氧（鼓风机）、精准控制（水质监测、设备监控箱）、高效集污（集污槽、旋流分离器、沉淀池）、便捷捕捞、池塘生态净水十大系统组成。系统部件包括以下几部分：

1. 养殖箱体　由 20 英尺* 标准集装箱改造而成，作为养殖载体，单箱容纳 25 米^{3}水体（长 6.3 米、宽 2.4 米、高 2.6 米），满载 35 吨。箱内部喷涂环氧树脂漆，防止箱体腐蚀；顶端有四扇 1 米×0.8 米的天窗，天窗可供观察及投喂；底部搭配坡度为 1/10 的斜面，与循环水流配合集污。设进水口 1 个，进气口 1 个，出水口 2 个。

2. 纳米曝气管　四周环有 6 根 2 米长曝气管，外接气泵供气，提高养殖箱氧气浓度，并促进箱体内循环水流形成。

---

* 英尺为非法定计量单位。1 英尺≈0.3 米。

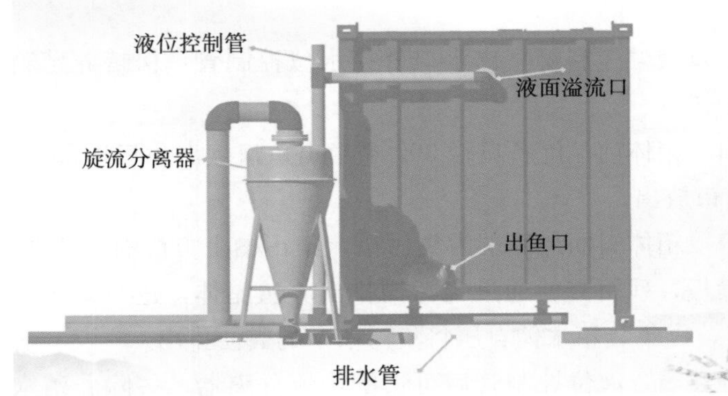

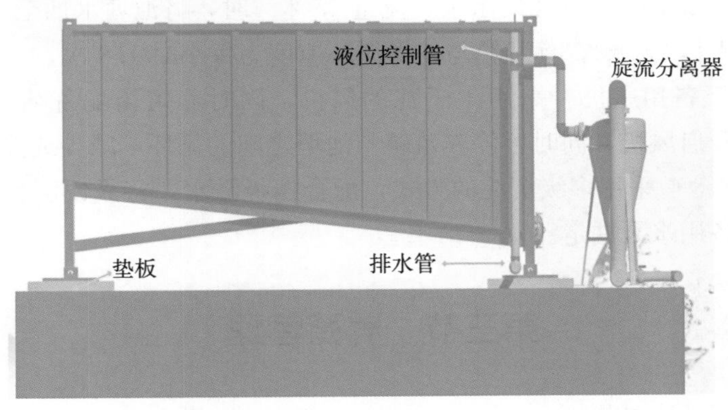

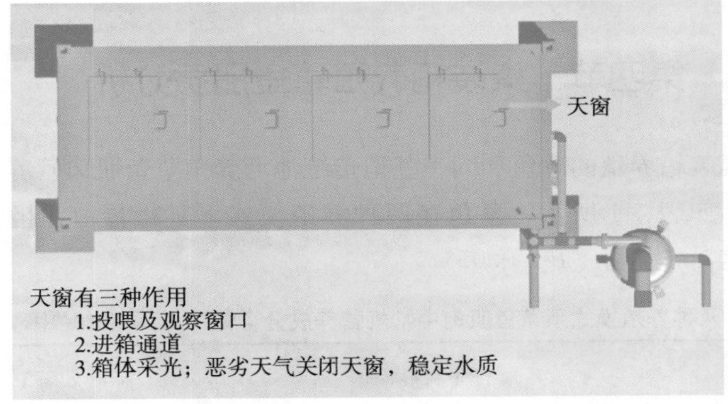

图 4-1 陆基推水集装箱系统组成示意

3. 进水口 进水口在箱侧壁顶端，进水口流量满足 30 米^3/时。进水口流速不能太高。

4. 出水口及液位控制管 出水口外接水位控制管，保持养殖箱水位在指定高度避免排空。

5. 出鱼口 箱体前端配备口径 300 毫米出鱼口，出鱼口内部有挡水插板，成鱼通过出鱼口放出。

6. 集污槽 箱体斜面最底端为集污槽，集污槽上方配有 5 毫米（备用 10 毫米）PVC 筛板，残饵粪便通过集污槽排出养殖箱体，进行集中处理。集污槽连接出水口，靠集装箱水体自压将集污槽中的粪便排出。

7. 旋流分离器 液位控制管后可选配旋流分离器，去除养殖水体悬浮颗粒物，分离的残饵粪便集中处理。

8. 水泵 采用 2 200 瓦的水泵，流量 45 米^3/时，将池塘水抽至集装箱中。集装箱养殖水体 25 米^3，集装箱与外界循环速度为每小时 1.8 次。

9. 气泵及备用风机 采用 1 千瓦的风机，同时养殖箱配备纳米曝气盘，极端环境下开启风机，同时暂停养殖箱与池塘之间的循环，减少或停止投料。

10. 沉淀池 采用多级沉淀的方式，配合挡板溢水，将粪便沉积在多个沉淀池中，用备用水泵抽走。

第三节 养殖管理

参见第三章第二节。

第四节 集装箱养殖草鱼品质分析

对基地集装箱养殖的草鱼和同一基地传统池塘养殖草鱼肌肉营养及质构进行对比分析，如表 4-1 所示，草鱼在两种养殖模式下其粗蛋白、粗脂肪、水分、粗灰分差异不显著（$P>0.05$）。

表 4-1 两种养殖模式下草鱼肌肉中常规营养成分含量（每百克样品中，克）

项目	集装箱养殖	池塘养殖
粗蛋白	19.20±0.26	19.66±1.36
粗脂肪	1.14±0.49	2.03±0.29

（续）

项目	集装箱养殖	池塘养殖
水分	78.80±1.92	76.13±0.55
粗灰分	1.43±0.12	1.43±0.12

两种养殖模式下的草鱼肌肉组织中各检测出 16 种氨基酸：包括苏氨酸（Thr）、缬氨酸（Val）、蛋氨酸（Met）、异亮氨酸（Ile）、亮氨酸（Leu）、苯丙氨酸（Phe）、赖氨酸（Lys）7 种必需氨基酸，组氨酸（His）、精氨酸（Arg）2 种半必需氨基酸，天冬氨酸（Asp）、丝氨酸（Ser）、谷氨酸（Glu）、甘氨酸（Gly）、丙氨酸（Ala）、酪氨酸（Tyr）、脯氨酸（Pro）7 种非必需氨基酸，其中含量最多的是 Glu。各种氨基酸差异均不显著（$P>0.05$）。两种养殖模式下草鱼肌肉的氨基酸总量（TAA）、必需氨基酸总量（EAA）、药效氨基酸总量（PAA）差异不显著（$P>0.05$）。此外，优质食品蛋白不仅所含 EAA 种类要齐全，而且 EAA 之间的比例也要适宜。据 FAO/WHO 的标准，质量较好的蛋白质其氨基酸组成 EAA/TAA 为 0.40。两种养殖模式下草鱼肌肉中的 EAA/TAA 分别为 0.40 和 0.40，均属于优质蛋白。食物的鲜美程度主要取决于食物中鲜味氨基酸（DAA）的种类和含量。两种养殖模式下的草鱼肌肉中都含有 5 种鲜味氨基酸，鲜味氨基酸含量占总氨基酸的比例分别高达 45.24%和 45.44%，集装箱养殖的草鱼的鲜味氨基酸含量略高于池塘养殖的草鱼，鲜味氨基酸中含量最高的是 Glu。药用氨基酸的种类和数量决定着食物的食疗效果。两种养殖模式下中草鱼肌肉药效氨基酸总量分别达到总氨基酸含量 64.40%和 64.17%（表 4-2）。

表 4-2　两种养殖模式下草鱼肌肉组织中的氨基酸种类及含量（每百克样品中，克）

类别	氨基酸组成	集装箱养殖	池塘养殖
必需氨基酸/EAA	苏氨酸/Thr	0.82±0.07	0.81±0.02
	缬氨酸/Val	0.93±0.09	0.92±0.06
	蛋氨酸/Met$^{\Omega}$	0.59±0.07	0.57±0.05
	异亮氨酸/Ile	0.84±0.10	0.80±0.06
	亮氨酸/Leu$^{\Omega}$	1.54±0.17	1.54±0.09
	苯丙氨酸/Phe$^{\Omega}$	0.79±0.06	0.80±0.05
	赖氨酸/Lys$^{\Omega}$	1.80±0.15	1.80±0.11

（续）

类别	氨基酸组成	集装箱养殖	池塘养殖
半必需氨基酸/SEAA	组氨酸/His	0.47±0.03	0.49±0.03
	精氨酸/Arg※Ω	1.19±0.10	1.15±0.06
非必需氨基酸/NEAA	天冬氨酸/Asp※Ω	1.93±0.13	1.92±0.07
	丝氨酸/Ser	0.76±0.06	0.78±0.04
	谷氨酸/Glu※Ω	3.05±0.28	3.05±0.10
	甘氨酸/Gly※	0.80±0.04	0.81±0.08
	丙氨酸/Ala※	1.14±0.06	1.21±0.09
	酪氨酸/TyrΩ	0.67±0.07	0.66±0.03
	脯氨酸/Pro	0.60±0.04	0.60±0.08
	氨基酸总量/TAA	17.94/1.37	17.92/0.95
	必需氨基酸总量/EAA	7.32/0.75	7.24/0.43
	鲜味氨基酸总量/DAA	8.12/0.53	8.14/0.39
	药效氨基酸总量/PAA	11.56/1.02	11.49/0.53
	EAA/TAA	40.70%	40.40%
	DAA/TAA	45.24%	45.44%
	PAA/TAA	64.40%	64.17%

注：※表示鲜味氨基酸，Ω表示药效氨基酸。

从表4-3可以看出，以氨基酸评分（AAS）进行评价时，两种养殖模式下的草鱼肌肉中的第一限制氨基酸为Phe＋Tyr，第二限制氨基酸为Met＋Cys，这与以化学评分（CS）作为评价标准是一致的，其余氨基酸AAS均接近或大于1。这表明两种养殖模式下的草鱼肌肉组织中的必需氨基酸的组成相对平衡，且含量丰富。两者的AAS、CS和必需氨基酸指数（EAAI）均差异不显著（$P>0.05$）。

表4-3　两种养殖模式下草鱼肌肉组织中的氨基酸评分、化学评分和必需氨基酸指数

必需氨基酸	FAO/WHO标准（每克蛋白质中，毫克）	鸡蛋蛋白质（每克蛋白质中，毫克）	集装箱养殖			池塘养殖		
			每克含氮物质中的质量（毫克）	AAS	CS	每克含氮物质中的质量（毫克）	AAS	CS
苏氨酸/Thr	250	292	268	1.07	0.92	258	1.03	0.89
缬氨酸/Val	310	441	303	0.98	0.69	291	0.94	0.66

（续）

必需氨基酸	FAO/WHO 标准（每克蛋白质中，毫克）	鸡蛋蛋白质（每克蛋白质中，毫克）	集装箱养殖			池塘养殖		
			每克含氮物质中的质量（毫克）	AAS	CS	每克含氮物质中的质量（毫克）	AAS	CS
蛋氨酸＋半胱氨酸/Met+Cys	220	386	192	0.87	0.50	182	0.83	0.47
异亮氨酸/Ile	250	331	275	1.10	0.83	255	1.02	0.77
亮氨酸/Leu	440	534	502	1.14	0.94	488	1.11	0.91
苯丙氨酸＋酪氨酸/Phe+Tyr	380	565	257	0.68	0.46	253	0.67	0.45
赖氨酸/Lys	340	441	585	1.72	1.33	572	1.68	1.30
合计	2 190	2 990		2 395			2 313	
必需氨基酸指数/EAAI				76			73	

从表 4-4 可以看出，两种养殖模式下的草鱼肌肉均测出 20 种脂肪酸。集装箱养殖的草鱼肌肉的多不饱和脂肪酸显著低于池塘组（$P<0.05$），但脂肪酸总量显著高于池塘组（$P<0.05$）。

表 4-4　两种养殖模式下草鱼肌肉组织中的脂肪酸组成及含量（%）

分类	脂肪酸组成	集装箱养殖	池塘养殖
饱和脂肪酸（SFA）	月桂酸（C12：0）	0.12±0.07	0.07±0.13
	豆蔻酸（C14：0）	1.33±0.12	1.10±0.18
	十五烷酸（C15：0）	0.21±0.01	0.13±0.03**
	棕榈酸（C16：0）	17.07±0.38	16.93±0.59
	十七烷酸（C17：0）	0.20±0.01	0.15±0.01*
	硬脂酸（C18：0）	2.67±0.12*	3.37±0.25
	花生酸（C20：0）	0.27±0.04	0.18±0.01*
单不饱和脂肪酸（MUFA）	棕榈一烯酸（C16：1）	5.30±0.44	5.40±0.52
	十七碳一烯酸（C17：1）	0.28±0.03	0.23±0.04
	油酸（C18：1）	35.50±0.53	34.50±0.87
	花生一烯酸（C20：1）	1.03±0.06	0.90±0.08
	十四碳一烯酸（C24：1）	0.22±0.02	0.19±0.03

（续）

分类	脂肪酸组成	集装箱养殖	池塘养殖
多不饱和脂肪酸（PUFA）	亚油酸（C18：2）	26.77±0.91	27.10±1.35
	花生二烯酸（C20：2）	1.20±0.00	1.27±0.06
	亚麻酸（C18：3）	2.23±0.06**	3.13±0.12
	花生三烯酸（C20：3）	0.99±0.10*	1.23±0.06
	十八碳四烯酸（C18：4）	—	0.07±0.01
	ARA（C20：4）	1.53±0.06	1.60±0.10.
	EPA（C20：5）	0.41±0.02	0.26±0.01**
	DPA（C22：5）	0.79±0.06	0.83±0.06
	DHA（C22：6）	1.53±0.12	0.99±0.12*
饱和脂肪酸总量		21.87±0.60	21.93±0.68
单不饱和脂肪酸总量		42.33±0.10	41.22±0.84
多不饱和脂肪酸总量		8.69±0.31*	9.38±0.18
EPA＋DPA＋DHA		2.73±0.18	2.08±0.13**

注：*代表差异显著，**代表差异极显著。

由表4-5知，集装箱养殖的草鱼肌肉硬度和回复性显著低于池塘组（$P<0.05$）；其肌肉的内聚性显著高于池塘养殖的（$P<0.05$）；两者的弹性、咀嚼性和胶黏性差异不显著（$P>0.05$）。

表4-5 两种养殖模式下草鱼肌肉质构变化

项目	硬度（克）	弹性（毫米）	咀嚼性（毫焦）	内聚性	胶黏性（克）	回复性
集装箱养殖	1 081.00±46.59*	2.14±0.23	16.80±1.97	0.73±0.03	783.79±38.60	0.19±0.09*
池塘养殖	1 211.33±115.71	2.11±0.23	17.26±2.67	0.59±0.07*	820.47±127.65	0.32±0.03

注：*代表差异显著，**代表差异极显著。

由表4-6知，集装箱养殖草鱼肌肉的冷冻渗出率显著低于池塘组（$P<0.05$）。

表4-6 两种养殖模式下草鱼肌肉的pH和系水力变化

项目	集装箱养殖	池塘养殖
pH	6.43±0.02	6.41±0.02

（续）

项目	集装箱养殖	池塘养殖
滴水损失（%）	0.93±0.12	1.13±0.12
失水率（%）	14.53±1.36	17.07±1.29
冷冻渗出率（%）	2.73±0.23*	3.47±0.31

注：*代表差异显著。

一般淡水水产品中的土腥味物质主要来源于养殖环境，如养殖水体和底泥中大量的鱼腥藻、颤藻等或放线菌的代谢产物，主要为土臭素和2-甲基异莰醇等。但是，本次测试并没有检测到这两种物质的存在。对比基地集装箱养殖和传统池塘养殖模式下草鱼肌肉风味物质组成特征发现，池塘养殖鱼肉样品的多数差异性化合物的含量高于集装箱养殖样品，其中最有可能造成池塘样品鱼腥味的化合物是正丁胺（n-butylamine），它的感官描述是氨味的、鱼腥的，且它的感官阈值很低，在空气中人能感知的浓度是0.36毫克/米^3（图4-2）。集装箱养殖系统经生物净化和臭氧杀菌等环节，对抑制水体中有害藻类和细菌的生长具有积极的作用。在集装箱循环水养殖系统中，生态净化池中水草、陶粒、毛刷和鹅卵石等的吸附作用，以及流水养鱼对鱼类代谢的加快等手段对降低养殖鱼类土腥味具有积极的效果。

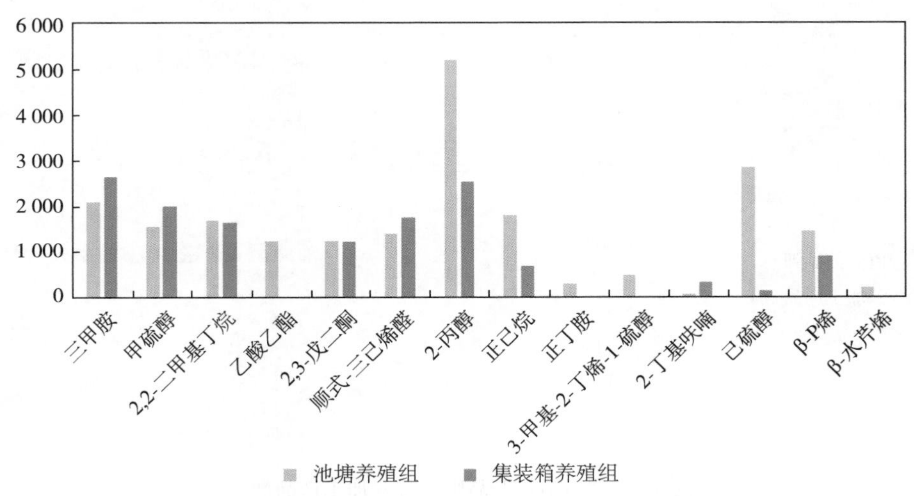

图4-2　两种养殖模式下鱼肉中重要风味化合物的对比

第五节　水产品加工

农业的根本出路在于产业化。公司成立以来，围绕“规模化、标准化、生态化、组织化、品牌化、产业化”的发展思路，通过培育一村一品、一镇一业、一县一园，致力于产业化发展。其中之一就是以“鱼伯伯”品牌为先导，以“公司＋合作社＋渔农户”这一产业化生产经营模式，实现了公司、合作社与渔农户的共同发展，促进渔业发展、渔农增收和渔村经济繁荣。目前，该公司拥有员工 56 人，核心区 712 亩，合作面积3 000多亩，辐射带动渔农户 80 户，其中贫困户 20 多户。同时，公司还以“鱼伯伯”为主导品牌，以市场供求为导向，以保障供给和满足消费为终极目标，实现养殖品种多元化，其中农产品加工融合“桂林特色，渔业文化”精制而成，以“好食材造就好食品”为目标，严格把控食品安全重要环节，给广大消费者一个极佳口碑的“鱼伯伯”品牌，颇得消费者好评。水产品深加工也由 6 个类别扩增至 20 个类别，“鱼伯伯”鲜鱼饼、黄金鱼蛋、禾花鱼腊仔等在市面上广泛销售，并深得消费者喜爱（图 4-3）。

图 4-3　“鱼伯伯”品牌部分深加工产品展示

第六节　集装箱养殖技术模式经验

对广西桂林草鱼养殖期间水质进行跟踪（养殖期 9 月 15 日至 12 月 5 日，共 82 天）。整个养殖期间，氨氮平均水平为 0.23 毫克/升，亚硝酸盐平均水平 0.09 毫克/升，溶解氧平均值为 9.15 毫克/升，pH 平均值为 7.91，养殖水质良好且维持在较稳定的水平。立足打造出创新科技养殖、渔业休闲观光体验、科技养殖培训示范基地，公司与中国水产科学研究院渔业机械仪器研究所、全国水产技术推广总站、广西壮族自治区水产技术推广站、广西壮族自治区水产科学研究院、桂林理工大学、广西师范大学等 10 家单位合作，共同打造高新技术现代化渔业。示范基地不仅拥有池塘内循环跑道、集装箱等现代设施养殖渔业，同时又有无公害和富硒蟹、螺、莲藕等，并且建设有研发中心、展示中心和检测中心。另外，为了发展休闲渔业，示范基地配套建设有垂钓区、烧烤区、渔村食宿区，把示范基地建设成休闲、娱乐、餐饮于一体，把“鱼伯伯”品牌打造成桂林的一张名片（图 4-4）。

图 4-4　示范基地休闲渔业实况

水产养殖由原种保有、良种选育、种苗繁育、苗种培育、商品养殖五大环节构成。公司将该五大环节进行了细化，具体为15个细节/工序，并将其串联起来，打造出一个“鱼伯伯”水产品生产流水线，实现程序化生产、品牌化经营，抢占了市场竞争的制高点。

该示范基地以“集装箱+生态池塘”养殖尾水处理技术模式为主，围绕“生态水产规模化、标准化、生态化、组织化、品牌化”的发展思路，努力实现低碳绿色发展，以“公司+合作社+农户”，带动周边80户农户（其中贫困户20多户）发展生态养殖3 000多亩，保底收购农户产品，切实增加农户收入，实现了公司和农户共同发展。同时，莫家村集体向公司入股50万元，年底分红达5.2万元，有效地推进村集体经济和企业共同发展，解决村集体经济增收和企业资金问题，实现村和企业有效合作、互利共赢。不仅如此，桂林鱼伯伯生态农业科技有限公司即将打造雁山镇更大规模的就业扶贫车间，吸纳更多贫困户就业，为实现贫困户稳固脱贫提供有力保障。

（一）基地产品标准

（1）每年的3—11月集装箱正常养殖禾花鱼、草鱼、生鱼等淡水鱼类，从广西水产引育种中心及公司苗种场选育优质苗种养到寸片后，再分到各个陆基集装箱养殖。

（2）使用生产检验合格的成品饲料，每年计划养殖3批次，3个月为1批次，每批计划产成鱼2 000千克/箱。在每批次养殖之前，都使用石灰进行消毒，之后隔10天从鹅卵石潜流池放生石灰15千克，达到净化及杀菌目的。

（3）为了提高鱼的品质，不使用杀虫剂及商品消毒药，全部用生态生石灰消毒。经陆基集装箱养殖出来的鱼达到上市规格并试吃合格后，停食48小时进行运输，再挂标上市。

（4）养殖过程中严把质量关，从鱼苗、水质、用料、运输等过程中严格按照农业农村部绿色生态养殖的标准操作，并配套了可追溯系统，一鱼一码，全程可追溯，再用专用冷链运输车配送到各加盟店、专销店。

（5）12月至次年2月，为高效率使用陆基集装箱而养殖吊水鱼，利用池塘生态养殖出的水产品达到上市规格后，经公司质量安全检测中心检测或者权威检测中心检测合格后，再经集装箱提质增效生态养殖3个月，淘汰病残鱼，去除泥腥味，把健康鱼提升为“跑步鱼”，提高水产品的肌肉紧实度，在公司质量安全检测中心或者国家权威检测中心检测合格后挂标上市。

（6）陆基集装箱安装了底部排污系统，全部尾水排放至封闭式微滤机处理，经过三级净化，以及曝气、毛刷过滤、水草过滤、人工湿地过滤等净化，最后经过鹅卵石潜流变成干净的清水，再抽入陆基集装箱循环利用，实现节约用水及尾水零排放处理。净化后的粪污直接用作有机肥，适合种植蔬菜、水果等。不但处理了尾水，还节约了大量的水资源；不使用药物，生产出绿色生态健康放心的水产品。

（二）基地养殖标准

（1）制定了陆基集装箱无公害养殖草鱼的环境条件、苗种养殖、生产检验合格的成品饲料和病害防治技术，符合 GB 13078《饲料卫生标准》、GB/T 18407.4《农产品安全质量　无公害水产品产地环境要求》、NY 5051《无公害食品　淡水养殖用水水质》、NY 5071《无公害食品　渔用药物使用准则》、NY 5072《无公害食品　渔用配合饲料安全限量》、SC/T 1008《池塘常规培育鱼苗鱼种技术规范》。

（2）水源来源于地下水和水库水，符合 GB/T 18407.4 的要求，排灌方便，进排水设计合理。经过三级净化，底部增氧曝气、毛刷净化、陶粒坝过滤、人工湿地、鹅卵石潜流等，养殖用水应符合 NY 5051 的规定，水溶解氧应在 5 毫克/升以上。在每批次养殖之前，都使用石灰水进行消毒，之后隔 10 天从鹅卵石潜流池放生石灰 15 千克，达到净化水质及杀菌作用。结合集装箱消毒，检修相关的供氧设备，保持集装箱内整洁。

（3）鱼苗来源于大型苗种场及公司苗种场检疫合格的优质苗种，选择草鱼从头部沿侧线至尾部拥有 42 片鳞片的鱼苗，要求体表光滑、黏液多、眼睛乌黑发亮有神、活力强、无伤痕的活体鱼苗。鱼苗运到场地后，检查鱼苗情况，打捞 3～5 条鱼显微镜镜检是否有寄生虫，解剖查看肝胆、肠胃是否健康，确保放入集装箱的鱼苗质量可靠。在必要的情况下最好派人到鱼苗场查看鱼苗品质，镜检解剖，全程跟踪。鱼种应规格整齐，体质健壮，无病、无伤、无畸形。外购鱼应检疫合格。

桂林基地在养殖实践过程中，形成了自己的特色：①与桂林旅游城市相结合，产品主打当地销售，以集装箱养殖产品形成地方品牌，带动公司整体产品销售；②开展研学活动，积极对接培训、研学等活动，成为区域特色科普基地；③开展了广西禾花鲤的大规格苗种培育和养殖，拓展了集装箱养殖品种；④选择适应桂林旅游特色的加工集装箱养殖品种，如草鱼、禾花鱼、黄颡鱼。

Chapter 5

第五章　陆基集装箱式生态养殖技术模式案例之云南元阳示范基地

第一节　养殖示范基地概况

元阳县呼山众创农业开发有限公司立足哈尼梯田和高原特色农业产业优势，投资 8 900 万元建立 130 亩陆基集装箱现代生态循环养鱼产业园（集装箱养鱼示范基地）。该集装箱养殖基地建设于呼山坡顶（彩图 8），该处地势较高，其水源来自养殖基地后方的一处水源，通过水泵实现水的不断环流。通过“集装箱养殖平台＋哈尼梯田”的“元阳模式”，即集装箱进行鱼苗标粗投放到哈尼梯田进行养殖，开展哈尼梯田稻渔综合种养，集装箱养殖粪污经收集脱水后进入稻田作为有机肥料使用，实现了渔稻双赢，助力渔业绿色发展（图 5-1）。通过

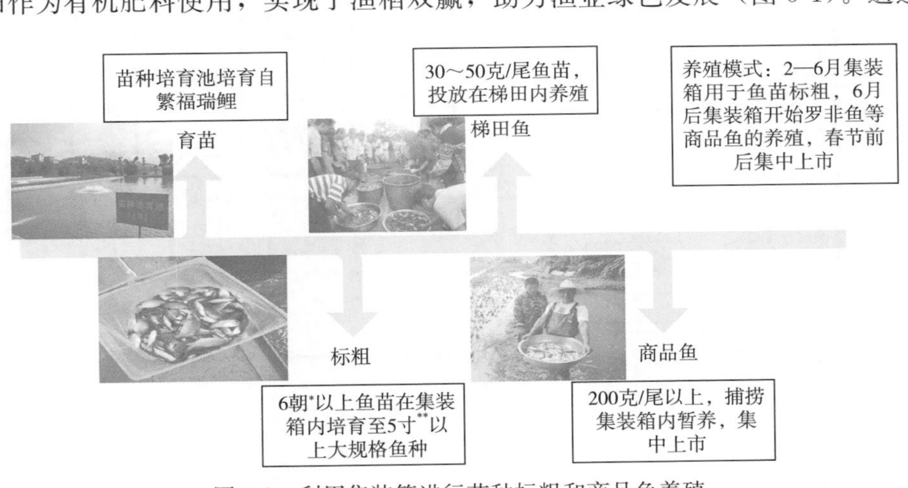

图 5-1　利用集装箱进行苗种标粗和商品鱼养殖

* 朝为非法定计量单位。1 朝＝0.33 厘米。

** 寸为非法定计量单位。1 厘米＝0.3 寸。

“养殖＋休闲”模式，将基地与休闲山庄结合，将第一产业和第三产业融合，进一步提高经济效益。呼山众创公司通过租用农民的土地，将耕种效率低的地块转变为高效率的规模化养殖用地，既用租金扶持当地贫困人口，又解放贫困人口的劳动力，方便其外出务工、经商、投入第三产业等。同时，该公司基于元阳县多样的农业生产模式，辅以自身的营利模式，塑造了元阳县的独有农业品牌，并且在这条道路上取得了巨大进步。

该基地建设集装箱养殖组及其相应配套设施共300套（陆基集装箱式推水养殖系统）。其中包括300套养殖系统箱体材料及配件，养殖箱体地基加固（2 000米^2），养殖箱体运输及安装调试；养殖系统配套设备［20台7.5千瓦水泵、12台11.5千瓦鼓风机（两台备用）、10台臭氧消毒器］；1套养殖循环水系统动力配备（400千瓦发电机组）。整个养殖系统与尾水处理工艺如图5-2所示。

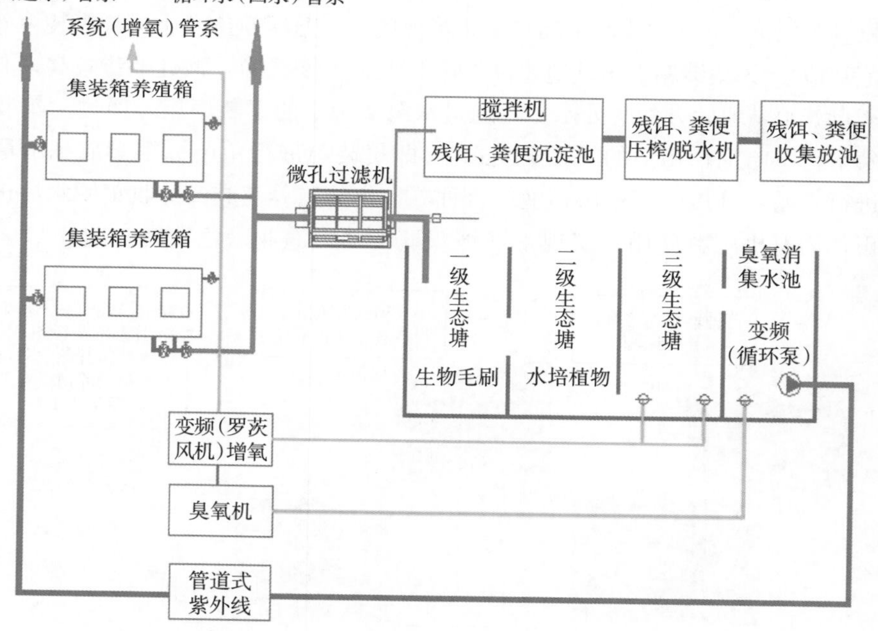

图5-2　养殖尾水处理工艺

第二节　集装箱安装和调试

参见第三章第二节。

第三节　集装箱养殖生产

一、养殖示范基地日常管理

每天早上喂料前先巡查一遍每个箱的情况。正常情况下，当人走过时，箱内的鱼都会朝人的方向聚集索饵。同时，也可以根据对比鱼往日的聚集情况、活动情况判断出鱼当天的健康状况和吃料状态，进而估算出当日投喂量。对活动状况减弱、鱼出现异常或出现死鱼的集装箱，要有针对性地进行检查，如检查是否有寄生虫、体表是否有外伤、解剖内脏检查肝胆、肠胃是否健康，实时掌握鱼的健康情况，从而提前预防疾病的发生，做到早发现、早预防和早治疗。

1. 检查鱼的情况　8：30—9：00 检查箱内鱼的活动状态，对残饵、粪便进行打捞。

2. 水质检测　取每个箱内水样和池塘水样，测定其溶解氧、温度、pH、氨氮、亚硝酸盐等水质指标，每天坚持傍晚定时测一次，掌握每日水质变化情况。氨氮、亚硝酸盐、溶解氧和温度指标建议使用可以直接读数的电子仪器测，这样更直观和精确，用比色卡靠肉眼读数精确度较差。溶解氧和温度可以不定期多测几次，如每次喂料前和喂料后的溶解氧变化规律；晴天、雨天、阴天的溶解氧变化规律；当箱内溶解氧 24 小时都保持在 6 毫克/升以上时，大部分鱼可以正常生长；水中溶解氧高则鱼得病的概率就小。此外，喂料前，箱内的溶解氧最好能保持在 6 毫克/升以上，因为喂料后溶解氧会急剧下降，如果喂料前只有 3～4 毫克/升，当喂料后溶解氧可能就会降到 1 毫克/升以下，这样鱼会处于一个亚缺氧的环境中，其抵抗力就会下降，有害菌也会大量繁殖侵袭鱼体。所以，密切关注溶解氧变化很重要，阴雨天气溶解氧低则少投喂或不投喂。

3. 喂料　9：00—10：00 称好每个箱的饲料量，每个箱要单独配一个饲料桶，将料桶整齐摆放在箱体前面，饲料量可根据每个箱内现有的鱼总数量，查出对应温度下的投饵率来计算，一般以 15 分钟内吃完为宜，每周调整一次投喂量。

喂料要遵循定时、定量、定点、定质、定人原则，先慢后快，再慢。不能直接将饲料一大瓢一大瓢地倒入箱内让鱼“自由采食”，要均匀地撒向每个天窗，不能使饲料成片漂在水面上。特别是拌药的料更不能成片漂在水面上。

若需要拌药料，则料∶水在 10∶1 左右，根据不同饲料的吸水性灵活掌握，将药和水混匀后用喷壶均匀喷洒于饲料表面，同时不断用手翻动拌匀，也可以购买一台拌料机，拌好饲料后用大盆置于阴凉处晾干半小时再投喂。药料要现拌现用，前一天拌好的药料第二天尽量不要使用，没有喂完的饲料要从箱顶上拿下来，放置于阴凉处，不能曝晒或雨淋。

4. 做好喂料记录及巡查 10：00—10：30 做好养殖记录，整理料房。

5. 打扫卫生 10：30—11：30 根据各个箱体鱼的吃料情况、活动状态以及溶解氧（喂料 1 小时后测溶解氧）、透明度合理换水。推水箱每天喂食后 1 小时打开底阀排水阀门，排水 5 分钟。若箱子内的鱼生物量在 500 千克以上，则每天进行底排污 1～3 次，每次换水 1/2～3/4，一次性排走大部分粪便。打扫箱体四周垃圾、蜘蛛网，冲洗死鱼网，清洗饲料桶等。死鱼桶应当随时封口，避免苍蝇传播细菌。将工具整齐摆放在指定位置，禁止随意丢弃。

6. 午间排水 12：00—14：00 对集装箱进行换水。

7. 投料 14：00—15：00 喂料。喂料十五分钟吃完为宜，喂料时观察是否有池边独游、突眼、打转等异常的鱼，若有捞出镜检解剖，及时处理。

8. 日常记录及排水 15：30—16：30 饲料搬运，卫生清洁，排水。

9. 投料 16：30—17：30 喂料

10. 换水 19：00—21：00 箱体排水至低水位

11. 夜班 21：00 至次日 8：00 夜班值班，完成白天未完成的工作，确保各箱体不缺氧，无异常。交接工作要到人，确保出现事故有责任人。

12. 喂料次数 根据鱼的大小、天气状况等调整喂料次数。小鱼多餐，每天 4～6 餐；大鱼可缩减至每天 2～3 餐。日投饵率根据养殖规格及天气状况调控：1～25 克为 8%～10%，25～200 克为 6%，200～350 克为 2%，500 克以上为 1%～1.5%。

13. 鱼病防治

（1）集装箱养殖区设置专职技术员，统筹安排所有养殖工作。

（2）每周一进行打样，掌握鱼的生长情况，调整投喂量。

（3）每月保健两次，每月 2、3、4 日和 16、17、18 日保健肝胆、肠道，每千克饲料拌入大蒜素 4 克、复合维生素 4 克、三黄散 4 克、肝康 4 克等，根据不同品种和鱼不同阶段的状况灵活掌握。

（4）根据养殖具体情况可每月 1 日、15 日消毒一次，停料 0.5～1 天。如下午停料，晚上消毒，第二天正常投喂。

（5）每月 1 日、15 日镜检和解剖一条鱼，掌握鱼体健康状况。

（6）平时在箱顶走动时尽量轻手轻脚，轻拿轻放物品避免惊吓鱼类。

（7）阴雨天气、低温天气、高温天气少投喂或不投喂。

14. 排污 当鱼长到100～200克时，喂料1小时后或喂料前将箱内的水排掉1/3～3/4，排污时间宜在10：00左右，下午喂料前或喂料后1小时排污，排水后在1小时内加满水为宜。要分批排污，不能多个箱同时排污。

二、养殖技术与流程

苗种培育池培育自繁福瑞鲤→6朝以上鱼苗在集装箱内培育至5寸以上大规格鱼种→30～50克/尾鱼苗投放在梯田内养殖→200克/尾以上捕捞至集装箱内暂养，集中上市。

2—6月集装箱用于鱼苗标粗，6月后集装箱开始用于罗非鱼等商品鱼的养殖，春节前后集中上市。主要养殖品种为罗非鱼、加州鲈、鲤、鲫、本地江鳅。罗非鱼养殖120口，加州鲈养殖30口，鲤养殖60口，鲫养殖60口，本地江鳅30口。每口箱中投放鱼苗3 500～4 000尾。以罗非鱼养殖为例，投苗量4 000尾，出鱼量可达2 100千克，饵料系数为1.4，成活率为90%，可以成功养殖两造。

第四节 基地集装箱养殖罗非鱼肌肉品质分析

对基地集装箱养殖的罗非鱼和同一基地传统池塘养殖罗非鱼肌肉营养及质构进行对比分析，如表5-1所示，罗非鱼在两种养殖模式下其粗蛋白、粗脂肪、水分、粗灰分差异不显著（$P>0.05$）。

表5-1 两种养殖模式下罗非鱼肌肉中常规营养成分含量（每百克样品中，克）

项目	集装箱养殖	池塘养殖
粗蛋白	18.77±0.72	18.36±0.70
粗脂肪	1.93±0.76	1.31±0.61
水分	78.53±0.71	79.50±0.20
粗灰分	1.13±0.06	1.20±0.00

由表5-2可知，在两种养殖模式下的罗非鱼肌肉组织中各检测出16种氨

基酸：包括 Thr、Val、Met、Ile、Leu、Phe、Lys7 种必需氨基酸，His、Arg2 种半必需氨基酸，Asp、Ser、Glu、Gly、Ala、Tyr、Pro 7 种非必需氨基酸，其中含量最多的是 Glu。各种氨基酸差异均不显著（$P>0.05$）。两种养殖模式下罗非鱼肌肉的氨基酸总量、必需氨基酸总量、药效氨基酸总量差异不显著（$P>0.05$）。两种养殖模式下罗非鱼肌肉中的 EAA/TAA 分别为 0.40 和 0.34，池塘养殖的罗非鱼不属于优质蛋白。两种养殖模式下的罗非鱼肌肉中都含有 5 种鲜味氨基酸，鲜味氨基酸含量占总氨基酸的比例分别高达46.37%和 46.92%，鲜味氨基酸中含量最高的是 Glu。两种养殖模式下中罗非鱼肌肉药效氨基酸总量分别达到总氨基酸含量的 63.72% 和 62.56%。

表 5-2　两种养殖模式下罗非鱼肌肉组织中的氨基酸种类及含量（每百克样品中，克）

类别	氨基酸组成	集装箱养殖	池塘养殖
必需氨基酸/EAA	苏氨酸/Thr	0.81±0.04	0.78±0.05
	缬氨酸/Val	0.87±0.03	0.81±0.08
	蛋氨酸/Met$^{\Omega}$	0.59±0.02	0.51±0.06
	异亮氨酸/Ile	0.79±0.02	0.71±0.08
	亮氨酸/Leu$^{\Omega}$	1.45±0.06	1.35±0.15
	苯丙氨酸/Phe$^{\Omega}$	0.77±0.11	0.70±0.09
	赖氨酸/Lys$^{\Omega}$	1.68±0.06	1.53±0.18
半必需氨基酸/SEAA	组氨酸/His	0.41±0.01	0.37±0.03
	精氨酸/Arg$^{※\Omega}$	1.11±0.03	1.06±0.07
非必需氨基酸/NEAA	天冬氨酸/Asp$^{※\Omega}$	1.83±0.07	1.73±0.13
	丝氨酸/Ser	0.72±0.04	0.68±0.06
	谷氨酸/Glu$^{※\Omega}$	2.96±0.16	2.70±0.29
	甘氨酸/Gly$^{※}$	0.93±0.03	0.94±0.05
	丙氨酸/Ala$^{※}$	1.18±0.04	1.16±0.07
	酪氨酸/Tyr$^{\Omega}$	0.63±0.03	0.55±0.07
	脯氨酸/Pro	0.56±0.03	0.59±0.06
	氨基酸总量/TAA	17.29±0.51	16.20±1.34
	必需氨基酸总量/EAA	6.96±0.24	6.40±0.68
	鲜味氨基酸总量/DAA	8.01±0.25	7.59±0.53

（续）

类别	氨基酸组成	集装箱养殖	池塘养殖
	药效氨基酸总量/PAA	11.02±0.40	10.14±1.03
	EAA/TAA	40.24%	34.49%
	DAA/TAA	46.37%	46.92%
	PAA/TAA	63.72%	62.56%

注：※表示鲜味氨基酸，Ω表示药效氨基酸。

从表5-3可以看出，以AAS进行评价时，两种养殖模式下的罗非鱼肌肉中的第一限制氨基酸为Phe+Tyr，第二限制氨基酸为Met+Cys，这与以CS作为评价标准是一致的，其余氨基酸AAS均接近或大于1，这表明这在两种养殖模式下的罗非鱼肌肉组织中的必需氨基酸的组成相对平衡，且含量丰富。两者的AAS、CS和EAAI均差异不显著（$P>0.05$）。

表5-3　两种养殖模式下罗非鱼肌肉组织中的氨基酸评分、化学评分和必需氨基酸指数

必需氨基酸	FAO/WHO标准（每克蛋白质中，毫克）	鸡蛋蛋白质（每克蛋白质中，毫克）	集装箱养殖			池塘养殖		
			每克含氮物质中的质量（毫克）	AAS	CS	每克含氮物质中的质量（毫克）	AAS	CS
苏氨酸/Thr	250	292	269	1.07	0.92	267	1.07	0.91
缬氨酸/Val	310	441	289	0.93	0.65	274	0.89	0.62
蛋氨酸+半胱氨酸/Met+Cys	220	386	195	0.89	0.51	172	0.78	0.45
异亮氨酸/Ile	250	331	264	1.06	0.80	244	0.98	0.74
亮氨酸/Leu	440	534	484	1.10	0.91	459	1.04	0.86
苯丙氨酸+酪氨酸/Phe+Tyr	380	565	258	0.68	0.46	239	0.63	0.42
赖氨酸/Lys	340	441	558	1.64	1.27	522	1.53	1.18
合计	2 190	2 990		2 329			2 190	
必需氨基酸指数/EAAI				74			70	

从表5-4可以看出，两种养殖模式下的罗非鱼肌肉均测出25种脂肪酸，且集装箱养殖组多不饱和脂肪酸总量和脂肪酸总量显著低于池塘组（$P<0.05$）。

表 5-4　两种养殖模式下罗非鱼肌肉组织中的脂肪酸组成及含量（%）

分类	脂肪酸组成	集装箱养殖	池塘养殖
饱和脂肪酸（SFA）	月桂酸（C12：0）	0.15±0.05	0.09±0.03
	豆蔻酸（C14：0）	2.47±0.15	2.47±0.32
	十五烷酸（C15：0）	0.46±0.10	0.29±0.02*
	棕榈酸（C16：0）	21.83±1.53	19.40±0.61
	十七烷酸（C17：0）	0.52±0.11	0.41±0.02
	硬脂酸（C18：0）	4.97±0.23	4.90±0.10
	花生酸（C20：0）	0.39±0.03	0.37±0.01
	山嵛酸（C22：0）	0.21±0.06	0.15±0.01
单不饱和脂肪酸（MUFA）	豆蔻一烯酸（C14：1）	0.51±0.10	0.21±0.07*
	十五碳一烯酸（C15：1）	0.14±0.03	0.04±0.03*
	棕榈一烯酸（C16：1）	5.73±0.35	5.03±0.15*
	十七碳一烯酸（C17：1）	0.40±0.14	0.45±0.02
	油酸（C18：1）	32.07±1.58	30.67±0.75
	花生一烯酸（C20：1）	1.63±0.12	1.70±0.00
	芥酸（C22：1）	0.07±0.07	0.15±0.05
	十四碳一烯酸（C24：1）	0.64±0.05	0.68±0.09
多不饱和脂肪酸（PUFA）	亚油酸（C18：2）	17.80±1.04**	21.80±0.26
	花生二烯酸（C20：2）	0.82±0.06	0.84±0.12
	亚麻酸（C18：3）	3.23±0.31	3.00±0.10
	花生三烯酸（C20：3）	0.94±0.14	0.86±0.01
	十八碳四烯酸（C18：4）	0.44±0.14	0.33±0.06
	ARA（C20：4）	1.09±0.12	1.10±0.00
	EPA（C20：5）	0.32±0.05*	0.45±0.03
	DPA（C22：5）	1.33±0.23	1.63±0.15
	DHA（C22：6）	1.33±0.42*	2.53±0.23
饱和脂肪酸总量		31.00±1.71	28.08±0.83
单不饱和脂肪酸总量		41.19±1.21	38.93±0.63
多不饱和脂肪酸总量		27.31±2.14*	32.54±0.38
EPA+DPA+DHA		2.98±0.69*	4.62±0.36

注：*代表差异显著，**代表差异极显著。

由表5-5知，集装箱养殖的罗非鱼肌肉硬度、咀嚼性和胶黏性极显著低于池塘组（$P<0.01$）；其肌肉的内聚性显著低于池塘养殖的（$P<0.05$）；此外，两者的弹性和回复性差异不显著（$P>0.05$）。

表5-5　两种养殖模式下罗非鱼肌肉质构变化

项目	硬度（克）	弹性（毫米）	咀嚼性（毫焦）	内聚性	胶黏性（克）	回复性
集装箱养殖	743.3±126.64**	1.85±0.06	8.37±0.86**	0.61±0.2*	456.18±81.62**	0.34±0.03
池塘养殖	1 108.33±214.47	1.86±0.25	14.49±2.84	0.66±0.03	746.15±138.04	0.25±0.13*

注：*代表差异显著，**代表差异极显著。

表5-6　两种养殖模式下罗非鱼肌肉的pH和系水力变化

项目	集装箱养殖	池塘养殖
pH	6.16±0.02	6.14±0.01
滴水损失（%）	1.40±0.02	1.80±0.20
失水率（%）	11.67±1.47*	14.20±0.53
冷冻渗出率（%）	2.60±0.20	2.93±0.31

注：*代表差异显著。

由5-6知，集装箱养殖罗非鱼肌肉的失水率显著低于池塘组（$P<0.05$）。

为了研究集装箱养殖模式对鱼肉气味物质的影响，利用气相色谱技术分析了两种模式下罗非鱼肌肉土臭素和2-甲基异莰醇的含量变化。首先将土臭素和2-甲基异莰醇标准品溶解于甲醇中，配制1微克/升、2微克/升、5微克/升、10微克/升溶液用于绘制标准曲线。样品测试，称取8克样品于20毫升顶空瓶中密封，于60℃水浴平衡30分钟，再将萃取头暴露于样品顶空萃取化合物70分钟后，取出萃取头插入气相色谱的进样口，上机测试。进样口温度为250℃，载气为氦气，流速为1.0毫升/分钟。结果显示，传统池塘养殖模式下罗非鱼肌肉土臭素和2-甲基异莰醇含量分别为（0.64±0.09）微克/千克和（0.49±0.06）微克/千克，而在集装箱养殖罗非鱼肌肉中这两种物质均未检出。

第五节　罗非鱼和福瑞鲤养殖效益分析

云南省元阳县呼山众创农业开发有限公司的养殖示范基地使用集装箱养殖

模式试养罗非鱼，采用自制的沉淀池、毛刷生物池、生物球填料池和臭氧消解集水池等对养殖尾水进行处理。2018 年 6 月 1 日投放 1.3 克/尾的罗非鱼鱼苗，养殖 2 箱，每箱鱼苗 2.5 万尾。2018 年 7 月 18 日打样，平均体重达到 33.3 克/尾，将原来 2 个箱中的鱼平均投入 4 个集装箱中继续养殖；2018 年 8 月 3 日打样，平均体重达到 58.5 克/尾，然后将原来 4 个箱中的鱼分别投入 8 个集装箱中养殖；2018 年 8 月 22 日打样，平均体重达到 100 克/尾，在此阶段，饲料系数达到 0.73，预计 1 年可以养 2 造。试验表明，集装箱可以用于养殖罗非鱼，且生长速度较快，预期效益较好。

云南省元阳县呼山众创农业开发有限公司的养殖示范基地使用集装箱试养福瑞鲤。2018 年 6 月 1 日投放 200 尾/千克的福瑞鲤鱼苗，养殖 8 箱，每箱鱼苗 2.5 万尾，共投放1 000千克。养殖过程中捕大留小，捕捞 5 寸以上福瑞鲤大规格鱼种投放稻田，截至 2018 年 7 月 14 日，累计从集装箱中出鱼6 100千克。试验表明，集装箱可以作为稻渔综合种养鱼种的培育箱。

第六节　水产品收获与销售

鲤鱼苗标粗培育后，主要投放到哈尼梯田中，开展哈尼梯田稻渔综合种养。其他养殖品种主要销往周边市县和本地市场，本地市场需求最大的是罗非鱼，集装箱养殖的罗非鱼由于耐运输、品质好、无土腥味，市场认可度比较高。计划建设小型加工厂，开展罗非鱼等特色水产品的加工。

第七节　集装箱养殖技术模式经验

一、基地因地制宜养殖，经济效益显著

对云南元阳罗非鱼养殖期间水质进行跟踪（养殖期 6 月 25 日至 12 月 25 日，共 183 天）。整个养殖期间氨氮平均水平为 0.28 毫克/升，亚硝酸盐平均水平 0.08 毫克/升，溶解氧平均值为 7.70 毫克/升，pH 平均值为 7.87。该基地完成 100 套（配套 40 亩生态池）集装箱养殖的试验示范，完成罗非鱼养殖试验2 300米^3，参加技术培训与交流 690 多人次。每箱平均投放罗非鱼苗种5 000尾，规格 30～50 克/尾，按照项目实施方案的技术要求进行生产管理。根据 2019 年底的测产情况，随机选择 2 个罗非鱼养殖箱，其中 2～28 号箱投

放鱼苗5 500尾，规格 50 克/尾，经过 60 天养殖，取样 30 尾，平均体长 19.7 厘米，平均体重 306.3 克；7 号箱投放鱼苗4 500尾，规格 30 克/尾，经过 160 天养殖，取样 30 尾，平均体长 21.3 厘米，平均体重 419.3 克。取样的样品鱼体质健壮、体表光洁、体色正常。根据示范基地销售记录，罗非鱼每箱平均产量约2 000千克，产值约 2.4 万元。

二、基地注重品牌建设

注册农旅品牌“哈尼哈巴”，打造以“哈尼哈巴”为品牌的梯田农特产品产业链。呼山众创作为哈尼梯田优质农特产品分享者、哈尼文化传播者，唱着哈尼古歌，携带着大山深处的产品走向世界。

三、基地三产融合情况

公司自成立以来多次举办现场参观和培训，2018 年公司组织专题培训 2 期 500 人次，现场培训 2 期 500 人次。2019 年公司先后举办红河州“稻鱼鸭”综合种养技术培训、云南省哈尼梯田稻渔综合种养产业扶贫技术培训班、元阳县 2019 年县乡两级农机技术人员农作物病虫害绿色生物控害技术培训等多次活动，总人数达到 360 人次。

四、基地积极参与扶贫

（1）元阳县小新街乡者台和新鲁沙两个村委会与公司签订村集体经济发展协议和贫困户帮扶协议，分别投资资金 65.9 万和 54.2 万元，涉及1 660户（其中建档立卡户 67 户），每年保底收益 7%。

（2）公司和元阳县嘎娘乡水井湾村委会、小新街乡石岩寨村委会、沙拉托漫江河村委会签订村集体经济发展协议，分别投资资金 50 万元，涉及建档立卡户 702 户，每年保底收益 7%。

（3）公司和新街镇陈安村、百胜寨、胜村以及水卜龙、新街村、大瓦遮等 20 多个村委会签订合作协议，涉及建档立卡户3 873户。

（4）采取“财政补助资金投一点、项目实施单位筹一点”的办法筹集建设资金，在呼山村建设总投资 300 万元的集装箱养鱼项目，其中统筹整合使用财政涉农资金 100 万元，占投资总额的 1/3；企业自筹资金 200 万元，占投资总额的 2/3。村集体按占 1/3 投资比例分红，如该年度项目效益按占 1/3 投资比例分红达不到 7 万元，将由公司按 7 万元标准对村集体进行保底分红。村集体在保证本金不流失的情况下，每年都可得到 7 万元以上的集体收入，主要用于党组织活动的开展、服务村内公益事业或作为本金继续发展生产，项目一次性投资，长期发挥经济、社会、生态综合效益。受益全村 905 户4 149人，其中建档立卡户 343 户1 555人。

（5）县委、县政府整合涉农资金3 000万元，入股公司集装箱养殖基地，推动集装箱养殖产业发展，投资产权归县农业科学局所有，公司进行日常管理，形成资产性收益，呼山众创每年分红 210 万元，用于发展元阳县稻鱼鸭产业，该项目涉及建档立卡户1 000余户，每天用工不低于 30 人。依托集装箱养殖基地建设，立足哈尼梯田特殊条件和高原特色农业产业，开展“集装箱养殖平台＋哈尼梯田”的“元阳模式”，即集装箱进行鱼苗标粗投放到哈尼梯田进行养殖，开展哈尼梯田稻渔综合种养，集装箱养殖粪污经收集脱水后进入稻田作为有机肥料使用，实现了渔稻双赢，体现生态效益及社会效益，具备零排放、科学性、景观性等特点。

综上所述，云南基地的特点为：①形成了集装箱＋稻田的养殖模式，解决了长期稻田养殖大规格苗种紧缺的问题；②开展罗非鱼集装箱养殖规模化生产；③形成了集装箱轮养罗非鱼和稻田利用种苗的模式；④带动了群众共同富裕，解决了贫困户的脱贫问题。

Chapter 6

第六章　陆基集装箱式生态养殖技术模式案例之江西萍乡示范基地

第一节　养殖示范基地概况

2019 年度新增集装箱 30 台，新场地安排在江西省萍乡市湘东区水产科学研究所示范基地内，升级加高温室大棚，将新增的集装箱集中安排在温室大棚内部，以减少夏季的暴晒和冬季的冻害，降低箱体温差。集装箱全部采用第九代工艺，统一高规格工厂定制完成，已于 2019 年 9 月底调试安装完成。主要养殖品种以草鱼、鲈、乌鳢等为主。通过控温、控水、控苗、控料、控菌、控藻"六控"技术，实现绿色生态化、资源集约化、精细工业化生产。同时，由于它强大的水处理能力，养殖产能较高，一套两个养鱼箱体年水产品产量 4 吨，相当于 4 亩池塘产量，有效地提高了养殖产量并大量节约养殖成本，使水产养殖离水上岸，为土地集约化利用开创了新模式。示范基地建设了三级池塘，一、二级池塘和二、三级池塘之间修建挡水坝，形成高 20～30 厘米的瀑布流，池塘内部种植净水植物，养殖净水鱼类，以生物碳形式净化尾水。计划一级池塘种植荷花，二级池塘种植水葱和黄花鸢尾，三级池塘种菖蒲和香蒲。以沙土净化池塘土质。

项目实施期间，不定期地举办池塘集装箱循环水养殖模式技术培训，定期对从业人员开展集装箱式养殖技术和操作管理等培训，同时对该县养殖大户进行现场技术培训和技术交流（彩图 9）。为萍乡及周边地区提供优质商品鱼和工业化循环水集装箱养鱼技术服务，带动当地扶贫户 32 户，实施产业扶贫，稳定增加贫困户、养殖户收入，较大地改善当地市场供应及劳动从业状况。2020 年度，公司继续加大广告宣传力度，在专题报道及多元化的宣传推动下，吸引多个国家和地区客户到公司考察。

第二节　集装箱安装和调试

广州观星农业科技有限公司与萍乡市百旺农业科技有限公司严格按照相关安装技术规范，分三个阶段完成集装箱式推水养殖系统的安装调试。参见第三章第二节。上述安装调试工作于 2019 年 7 月 15 日全部完成。

第三节　集装箱养殖管理

一、养殖模式

陆基集装箱式养殖是一种分区养殖、异位处理、提质增效的养殖模式，用潜水泵抽池塘净化后的第三级生态池表层 30 厘米的水入箱循环，鼓风机纳米曝气增氧，干湿分离器分离水中残饵、鱼粪，池塘三级沉淀处理净化，臭氧消毒杀菌。每个集装箱装满水约 27 米^3，养殖模式如图 6-1 所示。

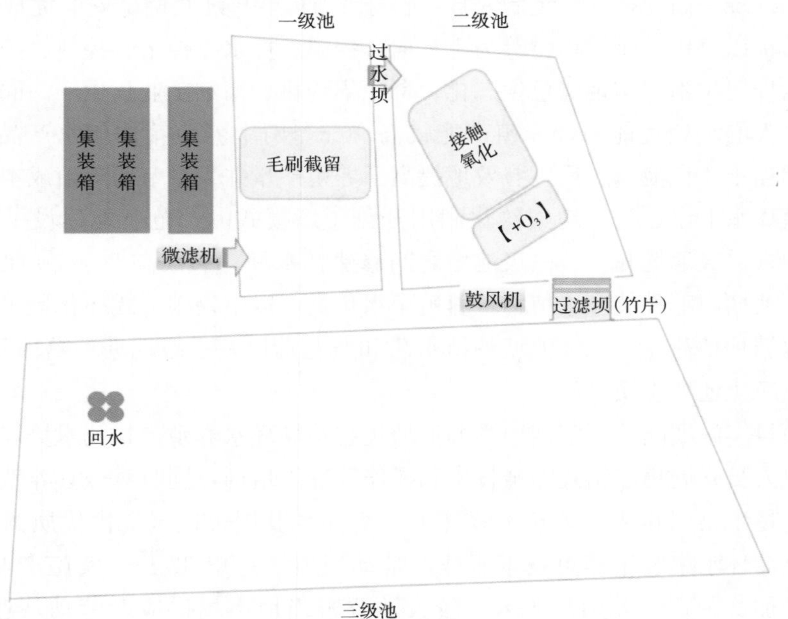

图 6-1　江西萍乡集装箱养殖示范基地模式

注：一、二级池内四周可布置浮床，栽种蔬菜或景观植物。三级池可考虑设置浮床浮岛，栽种蔬菜或景观植物；放养适量的蚌、鲢、鳙。准备适量的常用菌种应急备用。

二、养殖条件

1. 池塘　池塘水深要求不低于 4 米，有条件的地方建议配备一口冷水井水源，便于夏季补水降温，冬季需要搭建双层保温棚，保障养殖用水温度，实现全年养殖。每亩池塘配备集装箱 3～7 个。

池塘用塘基隔开分成三个部分：一级沉淀池、二级沉淀池、三级生物处理池，三者面积比为 1∶1∶8，前两级沉淀池面积不用太大，占池塘面积 20%左右即可。池塘不投料，只在第三级生物处理池养殖用于净化水质的鲢、鳙，每亩投放 100 尾左右，规格 100 克以上。一级沉淀池要比二级沉淀池高 20 厘米，二级沉淀池要比三级沉淀池高 15 厘米，三级沉淀池比水泵进水区域高 5 厘米，让水从一级沉淀池呈瀑布状漫出到二级沉淀池，再从二级沉淀池呈瀑布状漫出到三级沉淀池和水泵进水区，增加水源的溶解氧以及改善水质。主排水管排出来的水经过干湿分离器（微滤机），再流入池塘的一级沉淀池、二级沉淀池、三级生物处理池，后再由水泵抽入集装箱内进行养殖，完成整个循环。每个箱的养殖循环量最大为每天循环 12 次以上，10～15 米^3/时，即每 2 小时箱内的水全部循环一次。

2. 干湿分离器所需粪便沉淀池　一台干湿分离器可以带动 10 个推水箱，水处理量 80～150 米^3/时，20 个箱配备一个盛水量不低于 10 米^{3}的三级沉淀池，根据场地地形修建，如长 6 米、宽 2 米、深 1.2 米，也可按照 1∶1∶8 的比例来划分区域，每级沉淀池高度差 5 厘米，同时底部预埋 75 毫米管径的排水管，方便清理时降低水位或排干沉淀池内的水。

3. 养殖集装箱　陆基推水箱长 6.06 米、宽 2.45 米、高 2.89 米，箱子加满水总体积 27 米^{3}左右。水位每下降 10 厘米，减少约 1.36 米^{3}水体，正常水位距离箱顶 40 厘米左右，即正常养殖时箱内水体 21.56 米^3（未减去鱼的体积）左右。

每个养殖箱顶端都有单独的进水口（90 毫米），进气口（50 毫米），4 个 75 毫米配地漏的排污口汇入 110 毫米主排水口再进入水位溢流管，集装箱箱内底部有 10 根纳米曝气管环绕四周，每根曝气管均有阀门调节气量大小。

4. 水循环系统　距离池塘边架一个浮筒架（用角铁焊接固定两个大浮筒），将抽水入箱的水泵吊在浮筒架上，或立木桩等柱子。抽取池塘溶解氧比较高的表层水（距离水面约 30 厘米），水泵用钢丝软管或橡胶软管与进水主管连接，通过调节每个箱的进水阀门大小，由进水主管将水量均匀分流到每个养殖箱内。养殖箱内的粪便再经过斜底收集，通过 110 毫米溢流管汇入主排水管中，主排水管中的水再流入自流式微滤机（干湿分离器）进行物理过滤，过滤出来的污水流入化粪池或沉淀池用作生物肥灌溉蔬菜瓜果。微滤机滤网过滤出来的干净水再流入第一级池塘。化粪池内的水经过三级沉淀后其上清液也流入第一级池塘。

三、养殖应用

集装箱主要适合养殖经济价值高、无领地意识、喜欢流水环境、喜欢集群摄食的温水性鱼类。目前养殖比较成功的鱼种有生鱼、加州鲈、宝石鲈、罗非鱼、彩虹鲷、草鱼等，可用来进行养殖鱼类的提质增效、鱼苗标粗、阶段式养殖、序列式养殖。

1. 提质增效 主要将收购池塘、河流等水域的达到商品规格的鱼类，放入集装箱内养殖，利用生物制剂等方式去除鱼体中的重金属及药物残留等污染物，改善鱼的口感，提高鱼的品质，从而提高鱼的商品价值。因为在集装箱内水一直处于流动状态，溶解氧高、水质好、无底泥，所以如果用来做吊水鱼效果会比池塘好很多，无土腥味，肉质滑腻紧实。吊水 15 天即可出售，还可以加盐来吊水，进一步提升口感。

2. 鱼苗标粗 一般为 5 朝到 8 朝的鱼苗，可放 5 朝苗 5 万～10 万尾/箱，标苗一周后筛鱼。放苗前需要用密网将排污槽四周覆盖好，防止鱼苗从排污槽间隙漏走。标粗期间加强管理，密切注意水质变化。

3. 阶段式养殖 无论何种养殖模式，养殖周期都尽量缩短在 3 个月以内，以增加设备能耗的最大利用率，提高经济效益。

选择鱼种生长最快的阶段进行饲养，在 3 个月内出鱼。比如，养殖 350 克的生鱼，放1 500～2 000条，三个月长到 1～1.5 千克。草鱼投放 750 克的规格，每个箱1 500条，三个月长到 1.5～2.0 千克。罗非鱼 100 克，每个箱放2 500条，三个月长到 750 克。放养 350～400 克的斑点叉尾鮰苗2 000条，2 个月长到约 1 千克。箱内养殖生长速度比池塘快 20%以上。

4. 序列式养殖 序列式养殖指的是从标粗到成鱼养殖分区域分阶段式养殖，主要适合 50 个箱以上的规模，规模越大，效果才越明显，即实现全年每个月都出鱼、都补苗。从 1 克左右养到 10～25 克，可放 1 克的苗 1 万～2 万尾；25～50 克放苗 8 000～10 000 尾；50～100 克放苗4 000～8 000尾；100～200 克放苗 3 500～4 000 尾；200 克以上放苗 2 000～3 500 尾。确定放苗规格后需要检查箱内的排水口是否会漏鱼，集污槽盖板四周缝隙是否过大跑鱼，若箱内配的是包有密网的宝塔头地漏，则可以直接标粗小苗，当放养的规格大一些，就把地漏上面的密网拆掉，以免影响过水量。若箱内集污槽配的是两层挡板，当鱼稍微大一点后就将第一层密的挡板撤掉。鱼越大，其适应箱内的流水高密度环境就会差一些，应激反应就越大，所以放苗数量还跟鱼种、规格、鱼苗之前的生活环境息息相关，需要根据实际情况来放苗。

四、鱼苗运输和入箱

1. 鱼苗提前吊水　鱼苗场提前一周吊水，并筛好鱼苗，保证进入推水箱的鱼苗规格整齐一致，一般循环水池或流水槽标粗的鱼苗更适应集装箱内的环境。

2. 鱼苗场的准备　鱼苗运输前停料2～3天。捕鱼前2小时泼洒抗应激剂，减少拉网应激。

3. 运鱼苗车厢消毒　运鱼苗的车厢先消毒清洗再冲洗干净，再加干净清澈的水以备放苗。

4. 鱼苗运输　鱼苗在运输过程中，每隔2小时检查一次鱼苗有无出现异常情况，中途可加一些抗应激剂。

5. 推水箱的准备　推水箱要提前1天清洗干净，加好水，关闭循环水泵（使用山泉水的推水箱，关闭进水开关），打开风机曝气，以备放苗。

6. 鱼苗抽样镜检　鱼苗运到场地后，检查鱼只情况，每个品种打捞3～5尾显微镜镜检是否有寄生虫，解剖查看肝胆、肠胃是否健康，确保放入箱子的鱼苗质量可靠。有条件的情况下最好派人到鱼苗场查看鱼苗品质，镜检解剖，全程跟踪。

7. 鱼苗车厢水温调节　将鱼苗车厢水排去1/3，用50毫米钢丝软管或小水泵（抽水泵流量最好小于5米^3，冲力太大会损伤鱼苗）抽取箱子内的水，加入鱼苗车厢中，冲水时对着鱼车厢壁冲，不要对着鱼苗冲水，加满水后，再排去一半水，再加满，反复操作使得鱼苗车厢水温与推水箱温差小于0.5℃，这样操作达到调节水温和水质的效果，减少鱼的应激。

8. 移鱼苗进箱　箱内泼洒抗应激维生素C 50克。鱼车要尽量靠近箱子边缘，从车顶用水桶直接将鱼苗移到箱顶，装鱼苗的水桶要贴着水面倒鱼。此外，捞鱼的网兜网孔要适当密一些，材质要柔软，防止伤鱼，对于小规格鱼苗（小于100克）每网不能打捞太多，鱼桶里的水要淹过鱼身5厘米，每桶分2～

3次打捞。力求做到少量多次，“快、稳、轻”地完成移苗工作。

9. 鱼苗进箱后消毒 鱼苗进箱子2小时后，用杀菌消毒剂浸泡消毒24小时，消毒期间，关闭进水开关停止水循环，继续保持充气；消毒达到时间后，再打开进水开关加水循环。每个箱子使用的消毒剂要用一只大桶装水稀释混匀后，再用水瓢均匀泼洒到养殖箱的每个天窗。注意消毒期间不喂料或少喂料。肉食性鱼苗可能需要当天投喂，以免相互捕食，可以喂完料2小时后消毒药浴12小时，开启水泵循环，12小时左右后再药浴12小时。具体操作还可以征求鱼苗场意见。鱼苗进箱子后第二天可以少量投喂，按0.5%～1%投饵率，逐步上调到和鱼苗场一致，同时内服维生素C等5～7天，增强鱼苗的免疫力。鱼苗进箱开始几天最好投喂在鱼苗场使用的饲料来过渡。外伤比较严重的隔一天需要再药浴消毒一次。

10. 养殖箱气量调节 小规格鱼苗，如小于50克/尾需要注意调整箱内气流的大小，可通过控制每个箱的开关来调节单个箱气流。若多个箱气流都需要调小，则打开机房内的泄气开关来调节，以免憋坏风机。若鱼乱窜、乱撞、乱跳则可关闭箱内某个区域的相对的2根气管形成静流区域，但要注意防止缺氧，待鱼适应后再调大充气量；遇到特殊品种如生鱼喜欢跳跃撞上箱顶，可以适当降低水位防止撞伤。

五、日常养殖

参见第五章第三节。

1. 检查鱼的情况 每天8：00—8：10检查养殖箱内鱼的活动状态。

2. 水质检测

3. 喂料 8：10—8：20喂料准备，确定喂料量。

8：20—9：00喂料。

4. 做好喂料记录及巡查 9：00—9：30做好养殖记录，整理料房。

9：30—9：40巡查各箱是否缺氧。

5. 打扫卫生 9：40—11：30打扫卫生。

6. 喂料 11：30—12：00喂料。

7. 交接中班 11：50—12：00与值班人员交接好上午未完成的工作。

12：00—14：00值班人员就位。

8. 巡查 14：00—14：10各自检查各箱体鱼只情况、设备情况，测溶解氧，换水。

16：00 — 17：00 若需要拌多维等提高免疫力的营养物质，提前 0.5～2 小时拌好料阴凉处晾干。

9. 喂料　16：50 — 17：00 称好料整齐摆放在箱体前。

17：00 — 17：30 喂料。

17：30 — 17：50 清洗饲料桶，做好养殖记录。

17：50 — 18：00 交接工作给夜班人员。

10. 夜班　18：00 — 8：00 夜班值班，完成白天未完成的工作，确保各箱体不缺氧，无异常。

11. 夜班交接白班　8：00 — 8：10 夜班将晚上发生的异常告诉白班。以上值班时间可根据具体实际情况灵活调整。

12. 喂料次数　根据鱼的大小来调整。小鱼多餐，每天 4～6 餐，大鱼可缩减至一天 2～3 餐。

六、排污

小鱼阶段每天喂完料后 1 小时可排污 5 分钟，即排掉箱内 20%～30%的水。具体参考第三章第三节。

七、分级养殖

随着养殖时间的延长，鱼类生长都会出现大小差异使得饲料比升高，养殖成本增加，所以要保证进箱的苗规格整齐。

1. 分级规格　非肉食性鱼类一个生长周期内需要分级饲养 2～3 次。50 克以前分级一次，100～150 克分级一次，250～300 克分级一次，分大中小三个规格来饲养，太小的苗可直接淘汰。肉食性鱼类如加州鲈，7 厘米以前最好每个周分级一次，避免相互捕食，降低苗种成活率。

2. 分级方法　分级前停料 1 天，分级时降低水位留 30～50 厘米，保证曝气管在水里充氧，水位淹过鱼背鳍 15 厘米。使用二氧化碳等麻醉剂，对鱼进行麻醉，减弱鱼的活动，可基本保证不伤鱼、不伤手，99.5%以上成活率。麻醉的标准为鱼活动减弱，有轻微翻肚，可用手轻松抓住即可。若加入麻醉剂过量，鱼全部翻肚，马上加清水稀释即可，不可拖太久，也不可麻醉过度。一般鱼鳃盖在动问题不大，麻醉后的鱼放入清水 2～10 分钟即可苏醒。第二天正常投喂即可。每次分级后用高压水枪冲洗空箱箱壁上残留的粪便污垢，再重新加水，也可套养一些刮食性鱼类和底层鱼类（如清道夫等），这样箱壁会更干净一点。这样能够降低饵料系数也方便管理和出鱼。

八、出鱼

出鱼有两种方式：一是鱼车靠近箱子边缘停靠，箱内降低水位，从箱底直接用框装好鱼，两个人在箱顶用挂钩将鱼框提上来再转运至鱼车内，一般鱼车高度和箱子的高度一致，可直接从箱顶转鱼到鱼车顶，这样操作也非常方便。若养殖的鱼比较名贵，不耐运输可以用二氧化碳或其他合法麻醉剂麻醉后再出鱼，减少应激、损伤。二是直接准备一个大的长方形鱼槽，将鱼用二氧化碳麻醉后直接从出鱼口放出后再装车。

若是需要运输到其他地方后继续养殖，保证一定时间的成活率，可采用以下方法出鱼：

1. 出货前的准备

（1）按需求方的订单来确定出货数量和吊水时间，提前一周将鱼只挑选好，麻醉后进行初步筛选。

（2）采用加地下井水或加冰的方式将水温逐步调整到22℃左右，每天调整温差不超过2℃，在此期间禁食，箱体内加大曝气，每天适当拉网锻炼。

2. 出货时的准备

（1）联系好水车，有条件的水车到厂后清洗鱼舱，水车内加水并保证水温22℃左右。

（2）鱼舱水体内放入维生素C等抗应激药品，以减少应激及人为机械损伤。

（3）养殖箱内放掉2/3～3/4的水，通入二氧化碳或添加其他合法抗应激剂，将鱼只麻醉称重后提上运输车，放入鱼舱，注意速度要快并全程带水操作。

第四节　水产品加工与品牌建设

目前萍乡市百旺农业科技有限公司的加工产品正以“李鲜生的鱼”这一自主品牌全力开拓市场，通过线上及直营销售的方式销售到江西及周边广东、浙江、上海等省（直辖市）。随着市场的一路向好，公司还将开发几个系列的“李鲜生的鱼”的，便于运输、便于保存的生鲜水产品和特色加工产品，力争5年内加工产品超过养殖产品的市场份额。

第五节　集装箱养殖技术模式经验

对江西萍乡集装箱示范基地乌鳢养殖期间水质进行跟踪（养殖期 7 月 15 日至 11 月 25 日，共 134 天）。整个养殖期间，氨氮平均水平为 0.14 毫克/升，亚硝酸盐平均水平 0.06 毫克/升，溶解氧平均值为 7.71 毫克/升，pH 平均值为 7.53，整个养殖期间水质指标相对稳定。该示范基地主要将以下四种养殖方式应用于集装箱养殖过程：提质增效、标粗、阶段式养殖、序列式养殖，来获取最大的经济效益。参见第六章第三节。

目前集装箱养殖总投资近3 000万元，两个示范基地共有 40 口箱子，争取两年内达到 100 口。主养品种为鲈及乌鳢。除联盟包销外，公司主要采取线上及直营两种方式销售。由于集装箱养殖是刚刚兴起的科技含量高的养殖模式，特点是养殖成本低、捕捞成本低、管理成本低；加上集装箱养殖有高效的循环净化系统，鱼生长在可控的健康环境下，因而品质好、成活率高、产出量有保证、市场受欢迎。

江西萍乡基地特点为：①形成了优质水养优质鱼的技术工艺，打出了“李鲜生的鱼”的品牌；②形成了产学研一体的合作格局，与江西农业大学等开展了合作；③萍乡市百旺农业科技有限公司的加工产品通过线上及直营销售的方式销售到本省及周边地区，年销售鱼约10 000千克。

Chapter 7

第七章 陆基集装箱式生态养殖技术模式案例之广东顺德示范基地

第一节 养殖示范基地概况

佛山市顺德区嘉有得水产养殖有限公司成立于2017年8月9日，位于顺德勒流新城管理区，注册资金300万，是广东佛山市顺德区专业从事水产养殖、加工、销售为一体的创新型企业。公司成立后开始集装箱养鱼模式的探索。经过两年时间的运作，从10个箱体的养殖规模发展到38个箱体，按照每个箱体2 000千克产量计算，共计产量76吨，成为顺德第一个陆基推水集装箱式养殖基地。由于集装箱养殖的鱼肉质好，销售渠道为生鲜电商平台的加工厂与该公司签订了全年合作协议，并以高于市场价格进行收购。佛山示范基地的建设有利于推动广东地区渔业转型升级。对于改善乡村面貌、促进农民增收、提高农村生活水平具有重要示范意义。通过整合佛山顺德当地渔业以及地方优势资源（如水产品加工产业资源、旅游资源等），以新型集装箱设施为载体，将现有的水产养殖前沿技术（臭氧杀菌技术、生物处理技术、尾水无动力干湿分离技术、无创出鱼技术等）整合其中，形成了以集装箱养殖为特色，具备循环水、高密度养殖等特点的高效养殖模式，兼具有机蔬菜种植、优质健康食材供应、健康餐饮于一体的综合化产业示范基地。

目前公司有68台集装箱在运营，配备发电机2套，4千瓦微孔过滤机3套，进排水管680米，增氧机6台，水质监测设备3套，养殖管理远程监控设备5套。集装箱养殖示范基地周边环境美化600米^2，建设三级尾水净化处理池塘8亩。集装箱共投放乌鳢5批，2 000尾/箱，共约15万尾；投放草鱼1批，1 000尾/箱，约1万尾。共计出鱼150吨，营业额达300万元以上。

第二节 集装箱安装和调试

广州观星农业科技有限公司与佛山市顺德区嘉有得水产养殖有限公司严格按照相关安装技术规范，分三个阶段完成集装箱式推水养殖系统的安装调试。参见第三章第二节。

第三节 集装箱养殖管理

一、养殖环境参数

水源：透明度 30～60 厘米、pH 7.2～8.5、溶解氧 3～8 毫克/升、氨氮＜0.1 毫克/升、亚硝酸盐＜0.05 毫克/升。

集装箱：集装箱水深 1.5～2 米，循环量 10～15 米^3/时。

尾水生态处理池塘：底质为沙土或黏土。

种植品种：计划一级、二级池塘种植空心菜、生菜、水芹菜等净化水质。三级池塘放养规格 100 克/尾以上的鲢和鳙等滤食性鱼类 100 尾/亩。

二、养殖品种

养殖乌鳢，密度为3 000尾/箱，放苗规格为 250 克/尾，养成周期 5 个月，养成规格 1 千克/尾。

三、投喂

选用恒兴鲈鱼料（蛋白质含量 32%以上），早、中、晚各投喂一次。根据吃料情况确定投喂量，前期每天投喂量为鱼体重的 2%，后期调整到 5%，目标饵料系数 1.3。采用人工投饵方式。

四、日常管理

（1）定期改善二级、三级循环生态池塘水质，增加藻类和有益微生物的含量。

（2）定期泼洒生石灰控制一级沉淀池的 pH，控制病害的传播。

（3）天气不佳时，关闭外部循环，减少应激。

（4）增加应急保障通道，如发电机、液氧，保障突发问题解决得当。

（5）益生菌和保肝护肝药物拌料投喂，预防病害发生，提高鱼体免疫力。

五、尾水处理

养殖废水经固液分离后，集中收集残饵和粪便并作无害化处理；固液分离后，过滤清水选择进行多级沉淀，去除悬浮颗粒之后排入池塘，利用大面积池塘作为缓冲和水处理系统，减少池塘积淤，促进生态修复，降低养殖自身污染与病害发生率。

第四节　集装箱养殖生鱼肌肉品质分析

对基地集装箱养殖生鱼肌肉质构特征、营养成分进行了监测和比较分析，并与传统池塘养殖进行比较。由表 7-1 知，生鱼在两种养殖模式下其粗蛋白、粗脂肪、水分、粗灰分差异不显著（$P>0.05$）。

表 7-1　两种养殖模式下生鱼肌肉中常规营养成分含量（每百克样品中，克）

项目	集装箱养殖	池塘养殖
粗蛋白	20.97±1.12	20.83±0.67
粗脂肪	1.42±0.71	2.67±1.46
水分	75.67±1.25	73.83±1.02
粗灰分	1.40±0.10	1.40±0.09

由表 7-2 知，两种养殖模式下的生鱼肌肉组织中各检测出 16 种氨基酸：包括 Thr、Val、Met、Ile、Leu、Phe、Lys 7 种必需氨基酸，His、Arg2 种半必需氨基酸，Asp、Ser、Glu、Gly、Ala、Tyr、Pro7 种非必需氨基酸，其中含量最多的是 Glu。各种氨基酸差异均不显著（$P>0.05$）。两种模式下的生鱼肌肉的氨基酸总量、必需氨基酸总量、药效氨基酸总量差异不显著（$P<0.05$）。两种养殖模式下生鱼肌肉中的 EAA/TAA 分别为 0.40 和 0.41，均属于优质蛋白。两种养殖模式下的生鱼肌肉中都含有 5 种鲜味氨基酸，鲜味氨基酸含量占总氨基酸的比例分别高达 46.04%和 45.92%，集装箱养殖的生鱼的鲜味氨基酸含量略高于池塘组，鲜味氨基酸中含量最高的是 Glu。两种养殖模式下中生鱼肌肉药效氨基酸总量分别达到总氨基酸含量的 63.03%和 63.57%。

表 7-2 两种养殖模式下生鱼组织中的氨基酸种类及含量（每百克样品中，克）

类别	氨基酸组成	集装箱养殖	池塘养殖
必需氨基酸/EAA	苏氨酸/Thr	0.84±0.06	0.84±0.02
	缬氨酸/Val	0.92±0.05	0.96±0.03
	蛋氨酸/Met$^{\Omega}$	0.57±0.03	0.61±0.00
	异亮氨酸/Ile	0.83±0.05	0.87±0.03
	亮氨酸/Leu$^{\Omega}$	1.50±0.12	1.57±0.05
	苯丙氨酸/Phe$^{\Omega}$	0.81±0.04	0.85±0.02
	赖氨酸/Lys$^{\Omega}$	1.70±0.14	1.82±0.06
半必需氨基酸/SEAA	组氨酸/His	0.42±0.03	0.42±0.02
	精氨酸/Arg$^{※\Omega}$	1.16±0.05	1.17±0.04
非必需氨基酸/NEAA	天冬氨酸/Asp$^{※\Omega}$	1.94±0.16	2.05±0.06
	丝氨酸/Ser	0.79±0.05	0.79±0.03
	谷氨酸/Glu$^{※\Omega}$	2.96±0.22	3.04±0.08
	甘氨酸/Gly$^{※}$	1.00±0.13	0.90±0.04
	丙氨酸/Ala$^{※}$	1.20±0.03	1.21±0.05
	酪氨酸/Tyr$^{\Omega}$	0.66±0.06	0.47±0.41
	脯氨酸/Pro	0.63±0.11	0.65±0.05
	氨基酸总量/TAA	17.93±0.84	18.24±0.89
	必需氨基酸总量/EAA	7.17±0.49	7.54±0.19
	鲜味氨基酸总量/DAA	8.25±0.32	8.37±0.24
	药效氨基酸总量/PAA	11.31±0.80	11.60±0.70
	EAA/TAA	40.00%	41.37%
	DAA/TAA	46.04%	45.92%
	PAA/TAA	63.03%	63.57%

注：※表示鲜味氨基酸，Ω表示药效氨基酸。

从表 7-3 可以看出，以 AAS 进行评价时，两种养殖模式下的生鱼肌肉中的第一限制氨基酸为 Phe+Tyr，第二限制氨基酸为 Met+Cys，这与以 CS 作为评价标准是一致的，其余氨基酸 AAS 均接近或大于 1，这表明两种养殖模式下的生鱼肌肉组织中的必需氨基酸的组成相对平衡，且含量丰富。两者的 AAS、CS 和 EAAI 均差异不显著（$P>0.05$）。

表 7-3　两种养殖模式下生鱼肌肉组织中的氨基酸评分、化学评分和必需氨基酸指数

必需氨基酸	FAO/WHO 标准（每百克蛋白质中，毫克）	鸡蛋蛋白质（每百克蛋白质中，毫克）	集装箱养殖			池塘养殖		
			每克含氮物质中的质量（毫克）	AAS	CS	每克含氮物质中的质量（毫克）	AAS	CS
苏氨酸/Thr	250	292	249	1.00	0.85	253	1.01	0.87
缬氨酸/Val	310	441	274	0.88	0.62	289	0.93	0.6
蛋氨酸＋半胱氨酸/Met+Cys	220	386	170	0.77	0.44	185	0.84	0.48
异亮氨酸/Ile	250	331	246	0.99	0.74	262	1.05	0.79
亮氨酸/Leu	440	534	447	1.02	0.84	471	1.07	0.88
苯丙氨酸＋酪氨酸/Phe+Tyr	380	565	243	0.64	0.43	256	0.67	0.45
赖氨酸/Lys	340	441	509	1.50	1.15	547	1.61	1.24
合计	2 190	2 990	2 151			2 276		
必需氨基酸指数/EAAI			69			73		

从表 7-4 可以看出，在两种养殖模式下的生鱼肌肉均测出 25 种脂肪酸。集装箱养殖的生鱼肌肉的多不饱和脂肪酸显著低于池塘组（$P<0.05$），但单不饱和脂肪酸总量显著高于池塘组（$P<0.05$）。

表 7-4　两种养殖模式下生鱼肌肉组织中的脂肪酸组成及含量（%）

分类	脂肪酸组成	集装箱养殖	池塘养殖
饱和脂肪酸（SFA）	月桂酸（C12：0）	0.13±0.05	0.09±0.03
	豆蔻酸（C14：0）	2.53±0.29	3.13±0.93
	十五烷酸（C15：0）	0.42±0.05	0.54±0.26
	棕榈酸（C16：0）	22.10±0.90	20.87±0.32
	十七烷酸（C17：0）	0.46±0.06	0.90±0.46
	硬脂酸（C18：0）	4.97±0.23	4.67±0.23
	花生酸（C20：0）	0.35±0.04	0.37±0.08
	山嵛酸（C22：0）	0.18±0.06	0.10±0.02
单不饱和脂肪酸（MUFA）	豆蔻一烯酸（C14：1）	0.46±0.06	0.23±0.20
	十五碳一烯酸（C15：1）	0.13±0.02	0.08±0.07
	棕榈一烯酸（C16：1）	5.97±0.40	5.87±1.07

（续）

分类	脂肪酸组成	集装箱养殖	池塘养殖
单不饱和脂肪酸（MUFA）	十七碳一烯酸（C17：1）	0.43±0.07	0.81±0.32
	油酸（C18：1）	32.90±1.13	29.03±3.26
	花生一烯酸（C20：1）	1.97±0.55	3.03±0.31*
	芥酸（C22：1）	0.13±0.01	0.25±0.04
	十四碳一烯酸（C24：1）	0.64±0.03	0.55±0.21
多不饱和脂肪酸（PUFA）	亚油酸（C18：2）	17.37±0.91	11.20±5.76
	花生二烯酸（C20：2）	0.80±0.03	0.43±0.08*
	亚麻酸（C18：3）	3.17±0.25	2.27±0.86
	花生三烯酸（C20：3）	0.90±0.09	0.31±0.03**
	十八碳四烯酸（C18：4）	0.41±0.07	0.61±0.26
	ARA（C20：4）	0.95±0.05	1.61±0.74
	EPA（C20：5）	0.23±0.06*	2.07±0.91
	DPA（C22：5）	1.17±0.15*	2.77±0.81
	DHA（C22：6）	1.10±0.31*	7.60±3.24
饱和脂肪酸总量		31.14/1.25	30.67/1.42
单不饱和脂肪酸总量		42.62/0.67	39.85/1.06*
多不饱和脂肪酸总量		26.09/0.83*	28.86/1.04
EPA+DPA+DHA		2.49/0.51*	12.43/4.96

注：* 表示差异显著，** 表示差异极显著。

由表 7-5 知，集装箱养殖生鱼肌肉的弹性和回复性极显著低于池塘养殖（$P<0.01$）；其肌肉的硬度和胶黏性极显著高于池塘养殖（$P<0.01$）；两者肌肉的咀嚼性和内聚性差异不显著（$P>0.05$）。

表 7-5　两种养殖模式下生鱼肌肉质构变化

项目	硬度（克）	弹性（毫米）	咀嚼性（毫焦）	内聚性	胶黏性（克）	回复性
集装箱养殖	534.00±109.27	1.64±0.18**	5.66±1.34	0.65±0.02	344.29±69.30	0.14±0.00**
池塘养殖	361.00±44.61**	2.02±0.14	4.88±0.62	0.67±0.02	241.91±.2.65**	0.31±0.06

注：* 表示差异显著（$P<0.05$），** 表示差异极显著。

由表 7-6 知，集装箱养殖生鱼肌肉的冷冻渗出率显著低于池塘组（$P<0.05$）。

表 7-6　两种养殖模式下生鱼肌肉的 pH 和系水力变化

项目	集装箱养殖	池塘养殖
pH	6.43±0.02	6.41±0.02
滴水损失（%）	0.93±0.12	1.13±0.12
失水率（%）	14.53±1.36	17.07±1.29
冷冻渗出率（%）	2.73±0.23*	3.47±0.31

注：* 表示差异显著。

第五节　集装箱养殖技术模式经验

据该示范基地养殖数据统计，集装箱养殖的高效集污和绿色环保的养殖方式大大降低了鱼类的发病率和用药量，大概为传统养殖方式的 1/5～1/3，并且鱼病容易发现和处理，杜绝了大面积传染的可能性。此外，通过箱体顶部窗口进行饲料精准投喂，降低饲料损耗率约 10%，并且日常管理也很方便。与此同时，集装箱让鱼类不受恶劣天气等外部环境的影响，还可以通过遮阳、喷水等方式控制水温，让温度更适宜鱼类生长，更有利于保障养殖动物的福利。

目前，规模化集装箱养鱼的顺德企业凤毛麟角，但作为一种新型绿色生态养殖模式是值得推广的，尽管前期投入较大。例如，一个箱体的成本约 4.5 万元，耗电量也大，但箱体的使用寿命在 10 年以上，而且箱养鱼类的市场议价能力高于塘鱼，长期而言，对于企业长远发展和生态环境保护都是有利的。集约化养殖是一种发展趋势，有利于整合农业资源，通过大数据监控水产养殖全过程，一旦发现问题，能迅速找到源头，精准解决。另外，结合顺德的美食文化，尝试不同鱼类品种的养殖与当地特色餐饮品牌共同谋划“顺德鱼生”品牌，通过前端绿色养殖和终端美食品鉴，进一步擦亮顺德“世界美食之都”的金字招牌，打造集装箱养殖的全产业链，进一步带动该绿色养殖模式的全面发展。

Chapter 8

第八章　陆基集装箱式生态养殖技术模式案例之湖北武汉示范基地

第一节　养殖示范基地概况

武汉康生源生态农业有限公司成立于 2005 年。公司位于武汉市生态控制底线范围内的东西湖区东山街巨龙大队，被昌家河环绕，依偎在杨四泾湖边。周边水资源丰富，生态环境良好。2006 年通过协议出让方式，康生源取得 150 亩国有农业用地使用权。经过多年的改造和建设，将原本荒芜的土地，打造成了集乡村游乐及生态采摘为一体的新型现代农庄。示范基地内有葡萄园、名贵鱼类、垂钓场、餐饮住宿和葡萄酒庄。游客可自采绿色蔬菜水果、静心垂钓或参观葡萄酒酿造流程。

2018 年公司引进农业农村部“十大引领性农业技术”之一的“池塘集装箱生态循环水养殖模式”，实施池塘集装箱生态循环水养殖和池塘连片尾水处理生态化养殖模式。公司成为湖北省第一家集装箱养殖示范基地，朝着生态循环农业生产迈出了重要一步。该养殖模式实现养殖尾水零排放，提高了鱼的品质，推进了水产养殖业绿色发展。

该公司是全国六个“池塘养殖转型升级绿色生态模式示范项目示范基地”之一，也是湖北省首家开展集装箱养殖的示范企业。该项目计划三年内共配备养殖集装箱 100 口，其中一期投资 600 多万元的 40 口集装箱已经竣工验收。主要养殖加州鲈、太阳鱼、长吻鮠、草鱼等，采取分期轮放苗、长年有产出的模式组织生产，利用集装箱捕捞方便的优势，能做到四季有鱼出售。

2018 年，武汉市投入1 500万元用于标准化设施水产养殖的改造升级。据了解，市财政资金以奖代补，鼓励贡献突出的水产养殖业主和企业，旨在加快全市水产养殖业绿色低碳发展，助力标准化生产，全面提升全市水产品的质量安全和供给保障。据武汉康生源生态农业有限公司工程师介绍，2020 年公司采用标准化设施集装箱养鱼，先进的集装箱养鱼设备系统及技术达到零排放、零污染，几乎没有风险，而且鱼的品质高、卖相好。这种成本低、效益高的标准化设施水产养殖一年可生产两季，养鱼效率惊人。2019 年还在试验期，一个 25 米^{3}的集装箱一季有1 500千克的产出，10 个箱共卖了15 000千克活鱼。2020 年又新增 30 个集装箱，年产活鱼量达150 000千克，亩产量是传统鱼塘的 10 倍以上，综合效益正在逐步显现。公司计划在三年时间内建成 100 口养殖箱，成为武汉市乃至全省高标准水产养殖示范基地。

第二节　集装箱安装和调试

广州观星农业科技有限公司与武汉康生源生态农业有限公司严格按照相关安装技术规范，分为三个阶段完成集装箱式推水养殖系统的安装调试。参见第三章第二节。

第三节　集装箱养殖管理

一、水质控制情况

从实际养殖情况看，控制水质是关键。该示范基地采取多种方式控制水质：一是通过微滤机过滤掉部分鱼粪和残饵；二是通过多级净化池塘沉淀水中的悬浮物；三是在水面种植水生植物，帮助消化池塘中的氨氮和亚硝酸盐；四是开挖生态沟渠，增加养殖尾水流动距离，让沟渠里的土壤以及水草帮助吸收尾水中的氨氮。

二、品种放养情况

2019 年示范基地有 40 口养殖箱投放了 5 个品种。3 月 14 日，进均重 750 克的草鱼 650 千克，投放 1 口箱中。4 月 6 日，进鲌鲂“先锋 2 号”650 千克，约13 000尾，投放 2 口箱中；进鲌鲂“先锋 1 号”250 千克，约5 000尾，投放 1 口箱中。4 月 15 日，进加州鲈 10 万尾（170 尾/千克，实际数量只有 8.08 万尾），投放 15 口箱中。9 月 12 日，从广州购进 12 万尾 8 朝太阳鱼苗。6—9 月，随着早期投放的鱼苗逐步长大，进行了三次分箱操作。将鲈从 15 口箱分到 30 口箱中，其他品种也按每箱不超过2 000尾的数量进行分箱。从实践情况看，太阳鱼、鲌鲂“先锋 1 号”适合在集装箱中养殖，但需要做好病害防治工作；草鱼、加州鲈在箱中养殖的效果很好，品质有明显提升。

三、饲料使用情况

加州鲈投喂 50％蛋白含量的鲈专用料，饲料系数约为 1.18。鲌鲂“先锋 2 号”和“先锋 1 号”使用 36％蛋白含量的淡水鱼饲料，饲料系数为 1.26～1.31。草鱼料蛋白含量为 30％，饲料系数约为 1.8。

四、病害防控情况

集装箱养殖病害控制的关键是配套的池塘里的水质优良。如果池塘水里有害病菌多，菌藻平衡被打破，这种水被抽入养殖箱后就容易使鱼染病。基本上，池塘里有什么鱼病，箱子里也会有这种鱼病。但相对来说，养殖箱里的鱼病好处理一些。2019 年的鲌鲂“先锋 1 号”在养殖中期受小瓜虫害影响，损失较大。加州鲈患诺卡氏菌病，采用综合医治的方法基本上控制住了病情，损失较小。其他养殖品种基本未出现大的病害。

五、日常管理情况

集装箱养殖管理重在水质管理、水温管理、投喂管理、病害管理、捕捞管理。要遵循有规律、定时、定量和勤观察的工作方法。

1. 水质管理　在集装箱养殖日常管理中，水质管理最为关键。要定期测试池塘水的理化指标，仔细观察水体色度和透明度，及时发现问题、及时处理。2019 年气候比较反常，上半年气温偏低，鱼苗投放的时间都有延后。进入 9 月，雨水明显多于常年，气温也明显偏低，水体的藻类发生应激，水体的含氧量及其他理化指标容易发生变化，给养殖水质调节提出了新要求。示范基地采取的措施是保持净化塘增氧机常开，提高溶解氧；每月用过硫酸氢钾改底一次；平均一周洒一次自行培养的光合细菌 100 升，补一次芽孢杆菌 1 千克，提高水体有益菌群数量以控制氨氮、亚硝酸盐在正常范围。

2. 投喂管理　投喂管理要定时定量，还要加强观察；看到鱼吃食速度减慢时，要减少投喂量。对于未吃完的饲料应及时打捞出水，减少剩余饲料对水体的污染。

3. 病害管理　一是保持池塘水的各项理化指标不超标，维持池塘菌藻平衡；二是对养殖水体进行定期消毒；三是定期清理养殖箱残留的粪便；四是发现病鱼及时处理；五是保持鱼健壮的体质，提高抵御疾病的能力。2019 年集装箱水体外用消毒，主要使用聚维酮碘，大致保持每 15 天消毒一次；饲料投喂每周保健一次，拌料投喂复合维生素和肝肠泰维护肝胆、肠胃健康；巡箱时发现死鱼及时记录，并反馈给水产专家，处理完死鱼后立即加石灰粉进行深埋处理；对常见的疾病注重提前预防。

4. 捕捞管理 对经常性零星鱼的销售，不宜每次都到养殖箱中捕捞，而应准备一至两个小寄养箱，一次多捞一些，针对客户的少量需求，从小寄养箱中捞鱼，减少对养殖箱内鱼的惊扰和伤害。寄养期时间不超过 5 天，此间不投喂。有利于向客户配送运输及保证后期成活率。

第四节 新冠疫情期间水产品供应

2020 年 1 月以来，湖北武汉暴发新冠肺炎重大疫情。为确保防疫期间武汉市水产品稳定供应，满足消费需求，武汉康生源生态农业有限公司在抓好疫情防控的同时，认真做好水产品生产工作，保障新冠疫情期间市场优质水产品供应，做到疫情防控和水产品生产供应“两手抓、两不误”。武汉康生源生态农业有限公司成为淡水产品团购销售配送单位，并搭建了自己的销售网络平台。从 2020 年 1 月 27 日到 2 月 22 日，武汉康生源已累计向全市居民配送新鲜活鱼达 17 250 千克。

第五节 集装箱养殖技术模式经验

武汉康生源生态农业有限公司是湖北省第一家集装箱养殖基地（彩图 10），距武汉天河国际机场约 30 千米，距武汉市区约 25 千米。周边无工业污染源，空气清新、环境优美，是乡村休闲的好去处。

公司在发展集装箱养殖的同时，发挥离城市近的优势，积极开展农业休闲业务。通过葡萄采摘、亲子农耕、田园教育、农事体验、农业科普等，吸引了大量游客来园区休闲。每年接待人数约 3 万人次，旅游收入占比约 30%。

该示范点一共安装 40 个集装箱养殖单体，其中原有的 10 个集装箱处于运行阶段，养殖品种为宝石鲈、加州鲈，养殖密度为 800 千克/箱，并配套 3 亩池塘用于水处理。水处理池塘按照 3 级生态塘模式打造，内有少量浮床，1 台 3 千瓦的增氧机，备用 1 台 5.5 千瓦的罗茨风机。示范点通过前期的养殖摸索，掌握了有益菌的投放方法，10 个箱养殖系统逐渐趋于稳定，在近 4 个月的养殖期内除对葡萄地灌溉用水外，未对外排水。夏季的温度偏高，目前是采取深水井进水降温。

通过宣传推广集装箱养殖技术，成功帮助三家企业建成或正在建设集装箱养殖场，将带动约3 000人致富。

武汉基地特点：①摸索了太阳鱼、杂交鲌鲂的集装箱养殖技术工艺；②在武汉新冠肺炎疫情期间及时为广大市民供应活鱼；③提供了亲水亲鱼亲子活动空间。

Chapter 9

第九章　陆基集装箱式生态养殖技术模式案例之安徽太和示范基地

第一节　养殖示范基地概况

安徽有机良庄农业科技股份有限公司成立于 2014 年，位于太和县国家级农业示范区核心区，占地1 200亩，投资 1.2 亿元，已建成集循环农业、创意农业、旅游、团建、研学于一体，一、二、三产业融合发展的综合性、现代化农业示范园区。项目投入使用 6 年来，该公司一直致力于设施农业的发展，主要是运用保温大棚开展有机蔬菜栽培，优质高档瓜果、花卉种植。在该过程中，该公司借助农村综合改革及乡村振兴战略的契机，依托新技术、新设备及科研成果转化，引进了集装箱养鱼这一项目，与其种植生产经营相结合，首创了国内第一家受控式“鱼-菜生态循环”系统，实现了以集装箱为载体，高密度、循环水为核心特色的养殖新模式。该项目在 2018 年 10 月由中国共产主义青年团中央委员会举办的第五届“创青春”大赛上，荣获国家级创新创业大赛的银奖。2019 年公司承担了农业农村部“全国池塘集装箱生态循环水养殖模式示范基地”建设任务和阜阳市科技重大专项“智慧农场及云服务平台的建设与示范”项目。

安徽省原本就是鱼米之乡，该公司正在依托该模式进行标准化、规范化、程序化和流水线打造徽乡鱼品牌。该系统的基本原理和方法如下：

首先是把集装箱养殖系统安放在保温大棚中，让养殖箱体水温稳定在 26℃，这是绝大多数鱼类最适宜的生长温度。运用抽水机抽取生态池塘上层水，经臭氧消毒后，通过管道灌注到集装箱中。罗茨风机通过分布于箱体底部的曝气管对箱体内的养殖用水稳定增氧，让集装箱养殖水体流速保持在 15 米^3/时，让水体溶解氧保持在较高水平。优选养殖鱼类，主要通过投喂人工专用配合饲料养殖加州鲈、鲟等优质高档鱼类。在养殖过程中，鱼类摄食生长会不断产生残饵和粪便、分泌物，每千克鱼粪中含有机质 112.76 克，其中氮 40.91 克、磷 12.86 克、钾 9.08 克。

其次是运用生态池塘处理尾水，主要是收集水体中的有机物。它们是优质生态有机肥。在重力作用下，养殖鱼类的粪便及残饵通过倾斜的箱体沉积到箱尾的集污槽中，随着水体不断循环而流出。排出的养殖尾水第一步是经平膜微滤机干湿分离，过滤大颗粒残渣。第二步是物理吸附和化学降解，通过硝化床吸附残饵和粪便，通过硝化反应降解、分解有机物。第三步是植物吸收转化，主要通过水培蔬菜池，运用鱼菜共生原理在水面上栽培叶菜类植物，让蔬菜吸收溶解于养殖水体中的氮、磷、钾等。

最后是通过物理方法收集起来的残饵、粪便用作优质生态有机肥料，施放到土壤中不但是植物的高档肥料而且还是土壤优质改良剂。此时，依然溶解在水体里的有机物、矿物质、微量元素则被用以开展无土栽培或者通过滴灌滋养蔬菜、瓜果、花卉。

传统池塘养鱼是“一草带三鲢”，而该公司发明创造的“鱼-菜生态循环”系统是运用生态共生同栖原理，进行鱼、菜、果、花综合种养，实现物质循环利用和能量的高效转化，达到绿色健康可持续发展的目的。该公司还以该生态循环农业模式为基础发展起研究学习、休闲观光、产业旅游等一系列休闲农业子项目，培植出了新的增长点和增收点，获得政府有关部门的高度评价和社会广泛好评。

第二节 集装箱安装和调试

广州观星农业科技有限公司与安徽有机良庄农业科技股份有限公司严格按照相关安装技术规范，分为三个阶段完成集装箱式推水养殖系统的安装调试。参见第三章第二节。

第三节 集装箱养殖管理

建设三级池塘，一、二级池塘和二、三级池塘之间修建挡水坝，形成高 20～30 厘米的瀑布流，池塘内部种植净水植物，养殖净水鱼类，以生物碳形式净化尾水。一级池塘种植荷花；二级池塘种植水葱和黄花鸢尾；三级池塘种植茭白、菖蒲和香蒲。二、三级池塘放养规格 100 克以上的滤食性鱼类鲢和鳙

100 尾/亩。用沙土净化池塘土质。

经以上多级优化处理后，在相同产量下，可节水 50%～70%，节地 75%～98%，节省人力 50%以上，提高养殖饲料效率 6%～7%，饲料系数 1.2，成活率 95%以上，单箱养殖产量达到 3～4 吨，水产品质量合格率 100%，养殖产品品质明显提升。养殖过程中产生的“肥水”用于有机蔬菜灌溉，能满足蔬菜生长期营养需求，节约了种植肥料成本，提高了蔬菜的品质，实现了养殖尾水的零排放和资源的循环高效利用，达到了生态与经济效益并举的养殖效果。

第四节　示范基地特色

该示范基地以集装箱养殖为依托，发展立体农业，建立智慧农场，积极发展休闲农业（彩图 11）。通过田园教育、农事体验、农业科普、产学研一体化建设等，吸引了大量游客来园区休闲参观。

安徽有机良庄农业科技股份有限公司建有 30 多万米^2 的玻璃温室、连栋大棚和日光温室大棚，是安徽最大的单体设施农业企业。

公司首创的受控式“鱼-菜生态循环”系统，实现了以集装箱为载体，高密度、循环水为核心特色的养殖新模式。每个占地 15 米^2、容积为 22 米^3 的大集装箱里蓄养着中华鲟、虹鳟等高档鱼类。鱼都是订单制养殖，主要直销给高档餐饮业（彩图 12）。

公司研发的专利产品“平膜微滤机”可以实现水每 2 小时循环一次，干湿分离出沉淀物，水经过一级塘、二级塘和蔬菜大棚后，水中的微量氮、氨被植物吸收，处理干净的水会被再次送入集装箱。包括农药残留在内的各项指标均可控，对环境零污染，相比于土塘养鱼优势明显。

奶油生菜、富贵菜、紫背天葵等水培蔬菜用的就是养鱼循环出来的水。奶油生菜一年可以收 12 茬，直接供给火锅店，每个棚可实现 5 万元的年收入。目前企业拥有阜阳市第一个农业类博士后科研工作站，并与中国科技大学、合肥工业大学、中国水产科学研究院等开展产学研合作，真正让农业和科技发生了精彩的“嫁接”。2021 年 1 月 12 日，安徽有机良庄农业科技股份有限公司安徽省院士工作站在太和县揭牌，中国工程院院士、湖南农业大学校长邹学校牵手安徽有机良庄，将为现代农业发展注入更多科技动力。这是太和县获批成立的首个院士工作站，也是阜阳市第一家农业企业院士工作站。

有机良庄同双浮镇10个行政村签订产业扶贫协议，投入产业扶贫资金590万元，保证村集体每年不少于47.20万元的固定收益。共带动周边农户1 200余户，其中吸纳贫困户685户，带动贫困人口1 385人，为贫困户增收共计680万元，人均4 909元，户均9 920元。

安徽太和基地的特点：①开展了黄金鲫、鲟的集装箱养殖技术试验，取得显著成绩；②打造了“鱼菜共生”的集装箱＋蔬菜模式；③研发了蔬菜大棚＋集装箱养殖模式，对于我国北方地区的空置蔬菜大棚是一种有效的利用方式，正在大规模推进中。

Chapter 10

第十章 陆基集装箱式生态养殖技术模式案例之河南新乡示范基地

第一节 养殖示范基地概况

一、基本情况

2020 年 3 月，新乡市高科田园农业发展有限公司由新乡高新投资发展有限公司、新乡高新技术产业开发区关堤乡人民政府及新乡高新技术产业开发区关堤乡郭小庄村股份经济合作社三方共同注资成立，注册资本1 000万元，具体承接集装箱养鱼项目投资、建设、运营。该项目首期占地 73 亩，投入集装箱 150 个，投资1 500万元，年产成鱼 450 吨，预计年产值1 350万元。公司致力于打造集“渔业、观光”为一体的高效智能、现代化绿色渔业产业园，推广水产行业发展新模式，逐步推动高新区独有的渔业品牌走向市场，力争打造华北地区最大的渔业养殖示范基地（图 10-1）。

图 10-1 新乡高新区集装箱养鱼基地

该集装箱养鱼项目主要通过在生态池塘岸边安置集装箱，将池塘养鱼移至集装箱，集装箱与生态池塘形成一体化的循环系统，养殖尾水经过固液分离后，通过生态池塘沉淀、净化，经臭氧杀菌后，再次进入集装箱内进行循环流水养鱼，摒弃传统池塘投放饲料、渔药手段，池塘主要功能转变为湿地生态池，从而实现纯绿色健康食品发展理念，还老百姓餐桌上一条干净的鱼。

二、基础设施建设

1. 生态池塘建设　生态池塘占地约30亩，分为6个池塘，其中1号为一级沉淀处理池，2、3、4、5号为曝气池，6号为生物净化池（彩图13）。6个池塘水面面积比例为3∶5∶5∶4∶4∶4；1号池水深5米左右，其余池塘水深2.5～4米；池塘四周铺设防渗毯加水泥护坡，底部铺设防渗黑膜。1号池要比2号池高出20厘米，2号池要比3号池高出20厘米，以此类推，三级沉淀池比水泵进水区域高出20厘米，让水从1号池呈瀑布状漫出到2号池，再从2号池呈瀑布状依次漫出到3、4、5、6号池和水泵进水区，以增加水源的溶解氧以及改善水质。

有条件的地方建议配备一口冷水井，便于夏季补水降温；再配备一口温泉井，冬季需要搭建双层保温棚，保障养殖用水温度，实现全年养殖。

生态池塘基础设施完成后，开始分别注水，降低水泥池塘pH，通过养水准备养鱼。如彩图14所示，生态池1号池主要作为沉淀池，未架设增氧机；2号池、3号池、4号池、5号池、6号池分别架设1个叶轮式增氧机和1个喷泉式增氧机，起到增氧与美化作用。

集装箱里的水靠重力流入回水渠，进入1号池塘，水流从1号池塘经带基表层，依次呈瀑布状流入下一池塘。水体经过沉淀、净化、生化处理、臭氧杀菌后，再次抽入集装箱内进行养殖，完成整个循环。

2. 集装箱带基和回水渠建设　集装箱放置位置共有四条带基，由水泥浇筑而成。每条带基长200米、宽0.77米、高0.6米，两边带基距离中间带基5.8米，中间两条带基之间间隔2.2米，中间铺设防渗毯，东高西低，构建回水渠，回水渠末段建有窨井，水流通过暗渠流入1号池。

第二节　集装箱安装和调试

参见第六章第三节养殖条件部分的养殖集装箱和水循环系统相关内容（图10-2）。

图 10-2　集装箱初步安装

在进水渠中间位置铺设水泵床（用角铁焊接固定而成），将抽水入箱的水泵固定在水泵床上。2020 年 4 月 26 日，集装箱养殖系统安装完毕。经过投放 200 尾加州鲈鱼苗试水，该系统已具备养殖条件。

第三节　集装箱养殖管理

一、生态池投放鱼苗

在 6 个生态池中投放少许鲢、鳙，控制水中浮游动植物，用来调节水质（彩图 15）。

二、放苗后的操作管理

主要包括鱼苗消毒处理、养殖箱气量调节、日常养殖工作（包括水质检测）、养殖管理、排污、物资管理、设备管理等多方面的内容。

第四节　水产品的收获与销售

该示范基地将集装箱主养的加州鲈、鮰、草鱼和罗非鱼打造了自有“乡香鱼”品牌（彩图 16 至彩图 18）。“乡香鱼”以生态养殖池为依托，通过不断与生态养殖池净水进行循环，在箱体内利用集中曝气、斜面集污、旋流分离等方式提高水体溶氧、保持养殖水质干净。通过集装箱内增氧推水养殖使鱼逆水运动生长，消耗掉多余脂肪，不仅能保持体形美观，还使鱼的肉质紧实，弹性增强，品质提升，无异味、无土腥味。为了扩大产品的知名度，新乡市高科田园农业发展有限公司与新乡市餐饮协会联合在新乡市紫光阁酒店举办新乡高新区健康生态“乡香鱼”全鱼宴品鉴会。一些餐饮企业纷纷表示愿意与“乡香鱼”产品进一步加强合作，让消费者品尝到健康美味的来自新乡本土的“乡香鱼”产品。

第五节　示范基地特色

该示范基地在集装箱养殖水处理生态池种植蔬菜，同时收集鱼类粪便厌氧发酵后作为陆地种植蔬菜的有机肥，实现资源的综合多级利用（彩图 19）。

Chapter 11

第十一章　陆基集装箱式生态养殖技术模式案例之广东肇庆示范基地

第一节　养殖示范基地概况

观星农业数字化渔业养殖示范基地位于肇庆市鼎湖区沙浦镇，背靠西江优质的水资源，环抱于鼎湖优美的自然风景中，示范基地占地面积约 1 000 亩，带动辐射范围包括鼎湖区沙浦镇、永安镇、莲花镇以及周边区域（彩图 20）。该示范基地的建设目标是建成以陆基推水养殖系统为主的数字化、标准化的“绿色立体循环渔业”养殖示范基地，打造零污染、零排放、零药残、零土腥味的绿色水产品，建设集“绿色养殖＋生态池塘＋新能源光伏＋工农旅”于一体的一、二、三产业融合发展的现代化农业产业示范基地。其中，“集装箱＋生态池塘”绿色养殖模式既可以弥补传统养殖水污染突出问题，也可以从源头上解决食品安全问题。目前项目示范区共 80 套陆基推水集装箱养殖设备已经建成投苗，规划投产 1 000 个箱，每箱年产量可达 5 吨，预计收益达 4 万元以上。示范基地将积极推动集装箱式数字化养殖平台的示范应用建设，结合物联网技术、数字化监控手段，助力传统农业工业化、智能化，推动水产业链的革命性提升和发展，实现水产养殖业向 4.0 时代的迈进。

肇庆市鼎湖区数字化渔业养殖示范基地，是观星农业和京东数科·数字农牧联合打造的一个大型集装箱式绿色渔业养殖示范基地，主要进行工业化养殖设施及生态池塘的建设。项目一期拟投资建设1 000套集装箱式养殖系统及配套生态池塘，总投资达 2 亿元，目的是打造一个以集装箱绿色生态养殖为特色的高水平、现代化农业产业示范基地，集合“绿色养殖，科研创新、水产品加工、物流仓储、品牌展示、科普教育、旅游康养、特色餐饮、休闲体会”于一体的现代农业产业综合体。目前已建设完成 400 套标准化集装箱式养殖平台系统，打造高效水产养殖示范区约 12 000 亩，水产标准化养殖示范基地 5 000

亩，集中带动当地农业向生态、绿色农业发展模式转变，辐射周边约 7 万亩水面，促进周边农户增效增收，为乡村振兴发展带来新的活力，极大地改变乡村面貌。该公司还与肇庆学院签订合作协议，并捐赠 15 万元用于学校开设农业科技兴趣班以及设立奖学金。下一阶段，该公司将以养殖示范基地为平台，与肇庆学院及科研机构合作，共同推进“产学研用”一体化合作，实现人才培养和科研创新目标，带动本地农民转型发展。

和传统养鱼模式不同，示范基地采用集装箱养殖＋生态尾水治理模式，从鱼苗到饲料，到养殖过程，每一环节都有严格监管，这一可控化的养殖管理模式具有生态环保、健康安全、稳质增效三大优势，亩产更高的同时，减少了用药量，还提升了成活率。鱼肉比普通池塘养殖的少了“泥腥味”，口感也更好。

第二节 基地集装箱养殖红罗非鱼和宝石鲈效益分析

养殖试验以工业化循环水集装箱式养殖模式为养殖平台。养殖污水首先通过物理过滤设备对水中的粪便、残饵等杂质进行过滤，然后经过微生物净化，对溶于水中的有害物质进行生物分解，最后经过杀菌后进入养殖箱体，实现养殖水体的循环再利用，养殖全程可以实现污水零排放。

工业化循环水集装箱式养殖系统，俗称“一拖二养殖系统”，是指由一个处理箱和两个养殖箱（各 25 米^3 水体）所组成的养殖系统，处理箱位于两个养殖箱中间，三位一体实现全封闭式循环水养殖。处理箱包含物理过滤、生物净化、臭氧杀菌等系统组件。

1. 养殖鱼类　本次试验选择红罗非鱼和宝石鲈为养殖对象，分别于两个试验箱中开展集装箱循环水养殖试验。

2. 消毒和培水　苗种放养前，必须进行箱体消毒，分别用稀释的漂白粉对两个标准养殖箱进行消毒，浸泡 2～3 天，彻底排干水，重新放进干净的井水或鱼塘水开始培水。在处理箱里泼洒硝化菌混合液，全程开动曝气和水循环系统，观察处理箱的滤材是否形成生物絮团，若有就可以放苗。

3. 苗种放养　苗种放养统一定于 5 月 20 日进行，投放同一养殖箱的鱼种要求规格均匀、体质健壮、无伤无病，下箱前用 3%的食盐水或 10 毫克/升高锰酸钾溶液浸洗鱼体 5～10 分钟，红罗非鱼和宝石鲈放养规格为 50～70 克/尾，放养密度根据循环水处理能力和产能设计情况来确定，放养密度为 3 000尾/箱。苗种入池时应调节好水温，温差控制在 2℃以内，以减少应激造成的损伤。

4. 养殖管理

（1）饲料投喂。饲料为浮性全价配合颗粒料，粗蛋白质30%～35%。投喂时进行1周的摄食驯化，即先敲击饲料桶或盆，使之形成条件反射。日投饲量根据天气、水温和鱼的摄食情况确定，由幼鱼阶段占体重的5%～6%逐渐减少至成鱼阶段占体重的2%～3%。投饲次数由养殖初期每天3～5次减少至后期每天2次。养殖过程中每15天随机抽样50尾鱼测量体长、体重，及时调整投喂量。发现摄食不良时应查明原因，减少投饲次数及投饲量。

（2）循环水处理及水质监测。集装箱循环水养殖取得成功的关键在于循环水处理。以标准型集装箱循环水养殖系统为例，水处理包括以下环节：

①外源水预处理。养殖用水符合渔业水质标准，进箱后要进行预处理，充分曝气，全箱泼洒硝化菌混合液培育生物絮团，集装箱循环水高密度养殖溶氧要求在3.5毫克/升以上。

②物理过滤。养殖箱内循环水采用转鼓式微滤机进行过滤，及时将残饵、粪便等固体杂物分离出去。微滤机筛网网孔为80～200目；筛网外侧对应处设喷嘴组。自动反冲洗时喷嘴高压水将网内滤出的固体物冲入下方的排污槽排出。

③生物过滤。集装箱养殖系统有生物处理箱，箱内填充大量表面积丰富的生物滤料，生物滤料在水体运行一段时间后在表面逐渐形成明胶状的微生物黏膜。水体运行时有机微粒就吸附在生物黏膜周围，黏膜上的大量微生物利用有机微粒作为营养，分解有机微粒达到净化水体、降解氨氮和亚硝酸盐等有害物质的目的。

④臭氧杀菌消毒。臭氧发生器产生的臭氧具有强烈的氧化能力，有很强的杀菌作用，还能增加水中溶氧和调节水的pH。由于集装箱循环水养殖水体为封闭式循环，在种苗放养初期和补水后使用臭氧消毒1次即可，长时间使用亦会杀灭生物膜上的有益细菌。

⑤水质监测及调节。配置有水质自动监控系统的集装箱可采用水质自动监控仪器监测水温、pH、溶氧等水质指标；未配置水质自动监控系统的需要人工监测，一般情况下，每天8：00和16：00时各检测1次水温、pH、溶氧；每周测1次氨氮、亚硝酸盐、化学需氧量等水质指标。保持溶氧在3.5毫克/升以上、pH 6.8～7.5、氨氮小于0.1毫克/升、亚硝酸盐小于0.01毫克/升或未测出、化学需氧量小于15毫克/升；池水保持无异色、无异味、悬浮物少、透明

度高。平时可在过滤池添加适量生石灰溶液（去渣取上清液）或小苏打溶液来调节 pH，注意计算好整个循环水量，以少量多次添加为宜。定期添加硝化细菌混合液，确保生物处理箱里的生物絮团的活性。

（3）病害防治。集装箱循环水养殖可以循环利用水体、补水量少、水质可控，不受外源病菌侵扰；投喂饲料营养合适、质量可靠、无污染、不霉变，一般不发生病害。养殖过程中一般不使用化学药物和抗生素，养殖产品符合绿色食品要求。

（4）日常管理。每天早、中、晚各巡箱 1 次。巡箱时，观察鱼体活力和摄食情况，一旦发现异常，立即捞起鱼检查，做到“早发现、早处理”。

加强水质管理，坚持每天检测溶氧、pH、氨氮、亚硝酸盐等指标，保证水体水质安全，并做好各项生产记录。

5. 养殖结果

经过 150 多天集装箱循环水养殖试验，集装箱养殖 1 号箱宝石鲈产量1 475千克、59 千克/米^3；2 号箱红罗非鱼产量为1 925千克、77 千克/米^3。以本次集装箱循环水养殖试验数据分析，每套集装箱养殖总成本为64 100元，产值为101 100元，每套集装箱养殖在本地区单养殖周期净利润达37 000元、740 元/米^3，效益可观。具体经济效益分析见表 11-1。

表 11-1　集装箱循环水养殖投入和产出情况

品种	投入					产出			利润（元）
	苗种费（元）	饲料费（元）	生物耗材（元）	人工水电（元）	合计（元）	产量（千克）	价格（元/千克）	产值（元）	
宝石鲈	7 500	14 200	1 000	11 200	33 900	1 475	32	47 200	13 300
红罗非鱼	4 500	13 500	1 000	11 200	30 200	1 925	28	53 900	23 700

6. 养殖情况分析

（1）与传统养殖方式相比，集装箱高效养殖方式的科技含量更高。它可以不受外界影响，实现温度、pH、溶解氧等各项指标的可控性，每个集装箱里养的鱼都自成体系，管理上相当科学规范，并且节省劳力。

（2）集装箱循环水养殖的关键是生物处理箱的生物絮团的培育。生物絮团生长的好坏，决定了养殖水体的洁净能力高，直接决定养殖的成败。

（3）养殖箱是长方形，水流呈环形旋转，箱里的残饵、粪便容易溶解，并且排污不彻底，造成养殖水体二次污染。当养殖水体的污浊度、黏稠度偏大时，氧气的溶解率低，致使溶解氧偏低，抑制鱼类的生长。

（4）养殖期间绝对不能断电，否则会造成巨大的经济损失。所以，养殖场必须配备发电机、报警系统、纯氧装置和24小时值班制度等多重保障。

第三节 观星农业集装箱循环水养殖尾水技术

在广东省肇庆市鼎湖区沙浦镇的观星（肇庆）农业科技有限公司的集装箱养殖技术示范基地里，一个于2020年7月投入运转的80个集装箱的科研示范系统和一个2021年6月投入运转的260个集装箱的生产系统逐渐建立了利用多塘生态系统处理集装箱循环水养殖的尾水技术，并获得相关成果鉴定。由于集装箱养殖每日尾水产生量很大，单位体积尾水的处理投资和运行费用必须很低，必须分别在城市污水处理单位投资和运行费用的1%以下，这给尾水处理技术的选择提出了极大的挑战。水产养殖作为一种农业活动，其对生态环境的要求也是很高的，养殖尾水处理设施的存在和运行也必须满足相应的生态环境要求。综合考虑以上因素，集装箱养殖尾水处理和再生的技术总路线和总体要求是：充分利用系统内部已有的物质和能源，以生态原理为核心，设施投资少，研究开发的概念技术路线或技术思路汇总于图11-1。

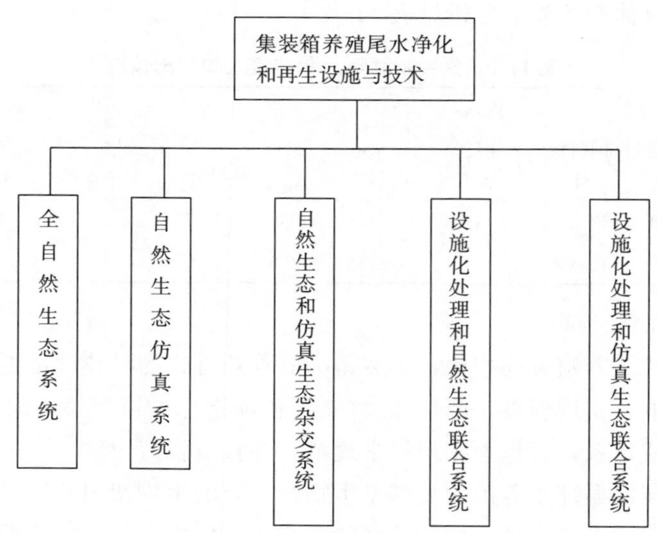

图11-1 集装箱养殖尾水净化和再生系统类型

工艺为“三塘四坝一湿地”全生态系统，这是实施“池塘养殖转型升级绿色生态模式示范项目”下的“池塘集装箱生态循环水养殖模式示范推广”以来集装箱养殖尾水处理的基本模式，其代表性的工艺流程和设施结构分别如图 11-2和图 11-3 所示。

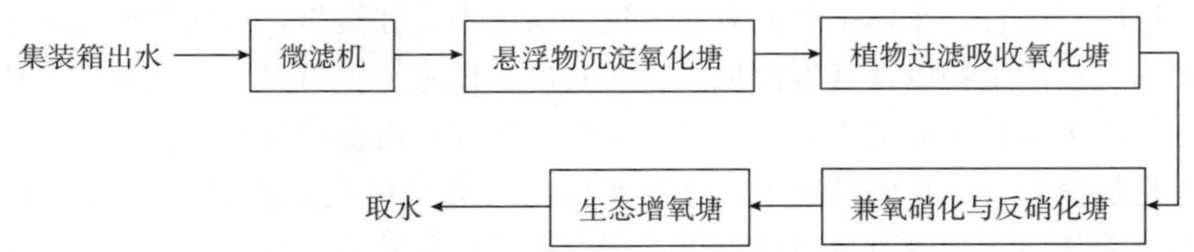

图 11-2　集装箱养殖尾水池塘和湿地全生态净化和增氧工艺流程

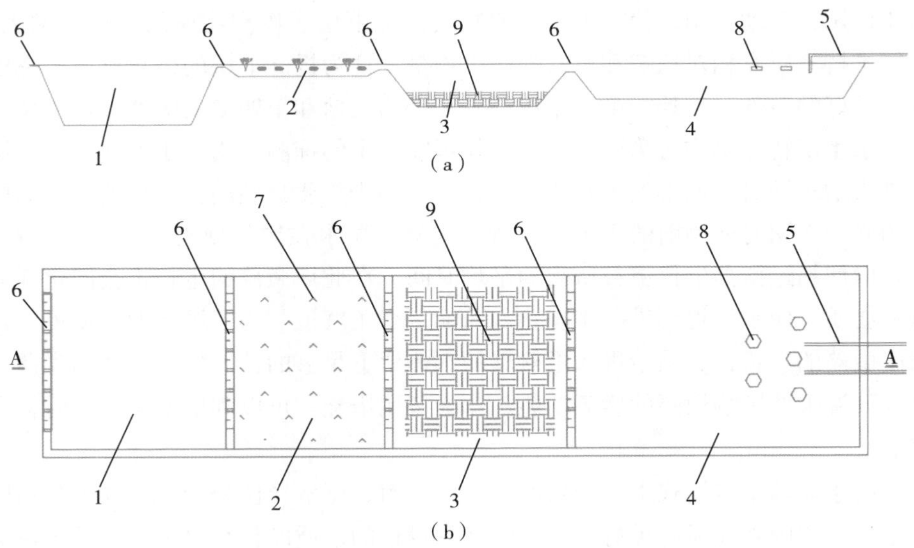

图 11-3　集装箱养殖尾水池塘和湿地全生态净化和增氧设施

(a) 立面图　(b) 平面图

1. 沉淀酸化塘　2. 表面流人工湿地　3. 兼性塘　4. 复氧塘　5. 取水点
6. 溢流堰　7. 水生植物　8. 增气机　9. 人工填料

该示范基地采用了以上池塘和湿地全生态净化和增氧设施。整个流程大概如下：循环使用的养殖尾水从陆基集装箱排出后，首先经过微滤机过滤分离出较粗颗粒的残饵、粪污，然后在沉淀氧化塘一端沿塘宽从水表面分布式进入沉淀氧化塘，由此在该塘内带动水体以小于 0.01 米/秒的流速前进，在此过程中，尾水中未被固液分离过滤掉的细颗粒将沿程缓慢沉降到塘底，与此同时，水体在尾水带来的富氧条件下经历一段时间的有机物氧化降解和氨氮硝化过程；在不进行机械曝气干扰的前提下，下层水体在污染负荷较高或阴天（包括晚上）的条件下处于相对缺氧的状态，同时通过垂向环流和水体紊动与上层水体发生一定物质交换，底泥中保存的酸化水解菌和厌氧反硝化菌等功能微生物在水体缓慢交换的过程中，在一定程度上维持有机物酸化水解和硝氮的厌氧反硝化反应。接着，水体由沉淀氧化塘进入植物塘，在这里，植物茎叶及附着在上面的大量微生物以及其他湿地生物将对尾水做进一步过滤、氧化降解和吸收同化。尾水由植物塘进入兼氧塘后，水流结构和在沉淀氧化塘类似，同样，在不进行机械曝气干扰的情况下，下层水体在污染负荷较高或阴天（包括晚上）出现低氧状态，为厌氧反硝化提供一定的条件，是若第二塘供应部分碎屑则提供了缺氧反硝化的补充碳源；是当下层加有人工填料时，其既起到一定的底层阻流作用和紊动作用，使得下层流速减缓但上下层水体和物质的交换量增大，又能维持下层有相对稳定和丰富的微生物量，这为提高下层的生化反应效率创造了较好的条件。另外，第三塘形成了一个第二塘和第四塘的缓冲带，避免了大型水生植物分泌物对第四塘微藻生长可能产生的抑制作用。正常情况下，尾水进入增氧塘时已经得到了必要的净化，下一步主要是利用在增氧塘生长的微藻的光合作用对回用前的尾水进行自然增氧。尾水在增氧塘需停留 20 小时以上，以便超过微藻世代更替所需的平均时间。在此塘微藻的生长也会同化部分氮磷物质，使水体得到进一步净化。而换一个角度说，为了维持增氧塘里一定浓度微藻的生长，必须给进入增氧塘的水体留下足够的营养物质。如遇光照不足或气温很低影响微藻的增氧功能，作为备用措施，可以利用增氧机临时补充增氧。

由于陆基集装箱式水产养殖的“分区养殖、尾水异位处理”模式为公司所首创，目前国外尚无此类有针对性的特别设计的水质净化与再生生态系统可资比较；国内同类型的养殖基地和尾水处理系统均包括在本项目之内。公司已为该技术申请了专利。

第四节　水产品收获与加工

示范基地目前主要养殖品种包括宝石鲈、加州鲈、乌鳢、草鱼、罗非鱼、彩虹鲷等。养殖水产品除活鱼销售外，还进行初、深加工项目，进一步提高养殖效益。初加工产品主要有公司自有品牌“舒鲜生”的鱼和鱼片（彩图 21、彩图 22）。另外，通过提取集装箱养殖鱼类鱼皮及肌肉中的水解胶原，精深加工衍生品包括鱼胶原修复面膜、鱼胶原修复喷雾、角鲨能量肌底精华等（彩图 23），大大提升了集装箱养殖水产品的商业价值。

第五节　示范基地特色

该示范基地致力打造一个集绿色养殖、科研创新、水产品加工、物流仓储、品牌展示、科普教育、旅游康养、特色餐饮、休闲体会于一体的现代农业产业综合体。在进行渔业生产的同时，这里也是一个进行观光休闲、户外运动、农业体验的好地方。该示范基地打造的数十亩油菜花、格桑花田每年开放，吸引着不少游客和市民前往赏花、拍照留念，享受惬意休闲时光（彩图24）。接下来，将继续打造更多观光项目，逐步为游客们提供垂钓、采摘、亲子旅游等服务，以此进一步实现一、二、三产业融合发展。

自承担示范区项目以来，始终把宣传、培训作为一项重要工作来抓，充分利用广播、电视、信息网、报纸、简报、黑板报等宣传媒介，大力宣传国家农业标准化示范区建设的重要意义。采用制作宣传材料、宣传漫画、技术规范等方式，积极宣传集装箱式养殖技术相关知识和标准化示范区建设意义。示范区迄今共接待来自社会各界的参观人数约1 000人次。

2020 年 10 月 17 日，在示范园区示范基地内对 50 余名肇庆市退伍军人进行技能培训和创业指导，进一步提升了退役军人自主就业、创业竞争能力（彩图 25）。

作为高素质农民培训示范基地，共接收肇庆市农业经济管理干部学校培训班 3 次，累计接待培训班学员共 428 人。培训班主要围绕“集装箱＋池塘尾水生态治理模式”实践培训，对新型农民集中进行，养殖技术和养殖模式培训。分别为：10 月 23 日阳西县高素质农民培训班 138 人，11 月 28 日阳东特色农业强镇项目农技人员培训班 100 人，12 月 8 日怀集县、韶关高素质农民培训班 90 人。此外，还有各科研院所高校、地方政府领导、社会各界人士前往标准化示范区调研参观。

肇庆基地的特点：①获得 5 个绿色产品认证；②创新了太阳能＋集装箱养殖模式；③连续 3 年开创引领性技术；④广东省水产养殖尾水治理的典型代表。

参 考 文 献

薄尔琳，2019. 水产养殖病害流行特点及综合防治措施［J］. 中国战略新兴产业，19：42.

陈康健，徐彬彬，刘唤明，等，2019. 水产品保活技术研究进展［J］. 科技经济导刊，3：11-12.

冯东岳，尤华，2015. 浅析动物福利与水产健康养殖［J］. 中国动物检疫，6：52-55.

李秋璇，蒋兆林，杨政霖，等，2017. 动物福利在水产养殖中的应用［J］. 中国动物检疫，12：71-74.

林建斌，2012. 水产养殖与水产动物福利浅析［J］. 中国水产，9：31-33.

刘笑天，王培磊，张亚男，等，2016. 水产养殖动物福利综述［J］. 水产研究，4：82-87.

刘宇，刘恩山，2012. 国际视角下的动物福利发展历史与概念内涵［J］. 生物学教学，3：25-27.

吕晓娟，2019. 动物福利助推畜牧业高质量发展［J］. 中国畜牧业，23：34-35.

滕振亚，李飞，2019. 水产品保鲜保活运输方法及应用研究［J］. 食品安全导刊，12：182-183.

王磊，胡玉洁，李学军，等，2019. 陆基推水集装箱式水产养殖模式适养种类初探［J］. 中国水产，11：61-63.

王磊，贾松鹏，舒锐，等，2020. 陆基推水集装箱式水产养殖模式解析及发展展望［J］. 中国水产，11：51-53.

解晓峰，2020. 水产养殖常见病害流行特点与综合防治措施［J］. 江西水产科技，5：34-35.

张荣权，2019. 浅析水产养殖中常见病害的发生特点及综合防治策略［J］. 农家科技，1：112.

钟小庆，2019. 鲜活水产品运输技术［J］. 渔业致富指南，19：28-30.

图书在版编目（CIP）数据

陆基集装箱式水产生态养殖技术模式典型案例 / 全国水产技术推广总站组编．—北京：中国农业出版社，2022.6

ISBN 978-7-109-29594-0

Ⅰ.①陆… Ⅱ.①全… Ⅲ.①水产养殖—案例 Ⅳ.①S96

中国版本图书馆 CIP 数据核字（2022）第 105725 号

中国农业出版社出版

地址：北京市朝阳区麦子店街 18 号楼

邮编：100125

责任编辑：王金环　肖　邦

版式设计：杜　然　　责任校对：沙凯霖

印刷：中农印务有限公司

版次：2022 年 6 月第 1 版

印次：2022 年 6 月北京第 1 次印刷

发行：新华书店北京发行所

开本：700mm×1000mm　1/16

印张：7.25　　插页：4

字数：115 千字

定价：50.00 元

彩图1　微滤机

彩图2　平膜微滤机

(1.1) 流速云图 #1 中轴线剖面

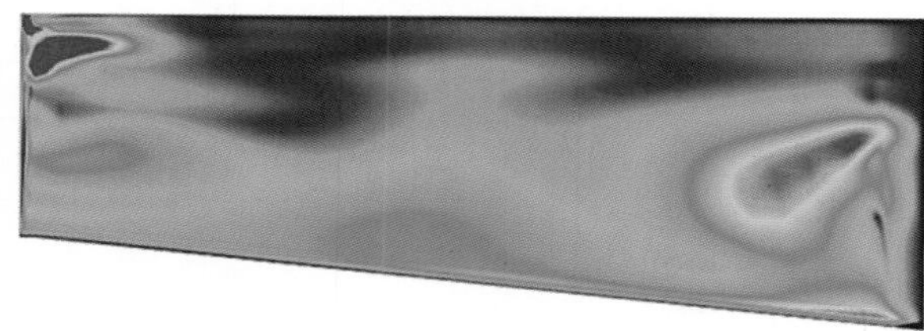

流速

0.15

0.11

0.08

0.04

0.00

米/秒

(1.2) 流速矢量 #1 中轴线剖面

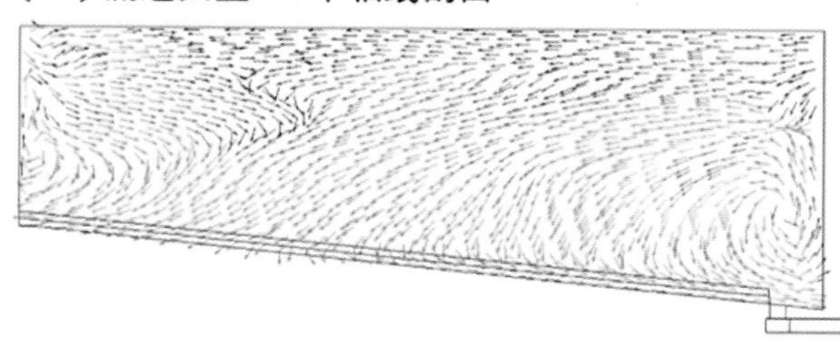

(1.3) 气体浓度# 1 中轴线剖面

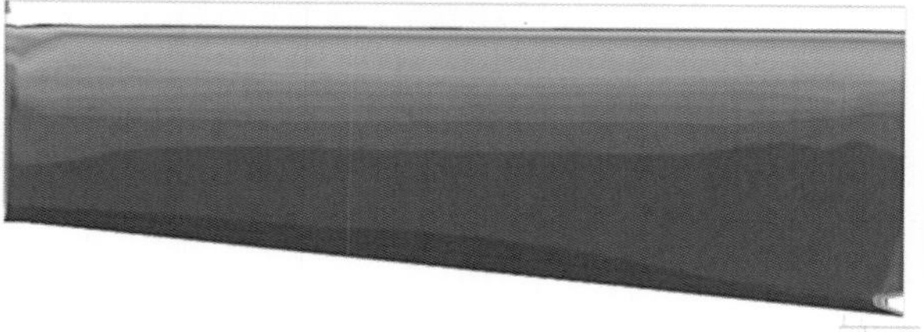

彩图3 集装箱内部流水动力学监测

彩图4 绿色水产品养殖

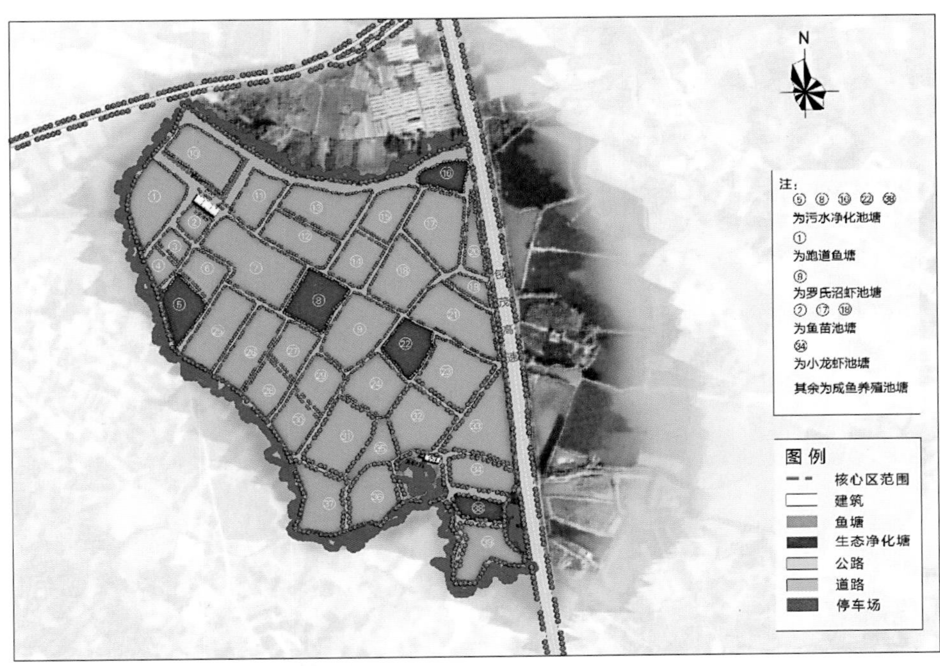

彩图5　桂林市雁山区鱼伯伯生态渔业（核心）示范区总平面布置

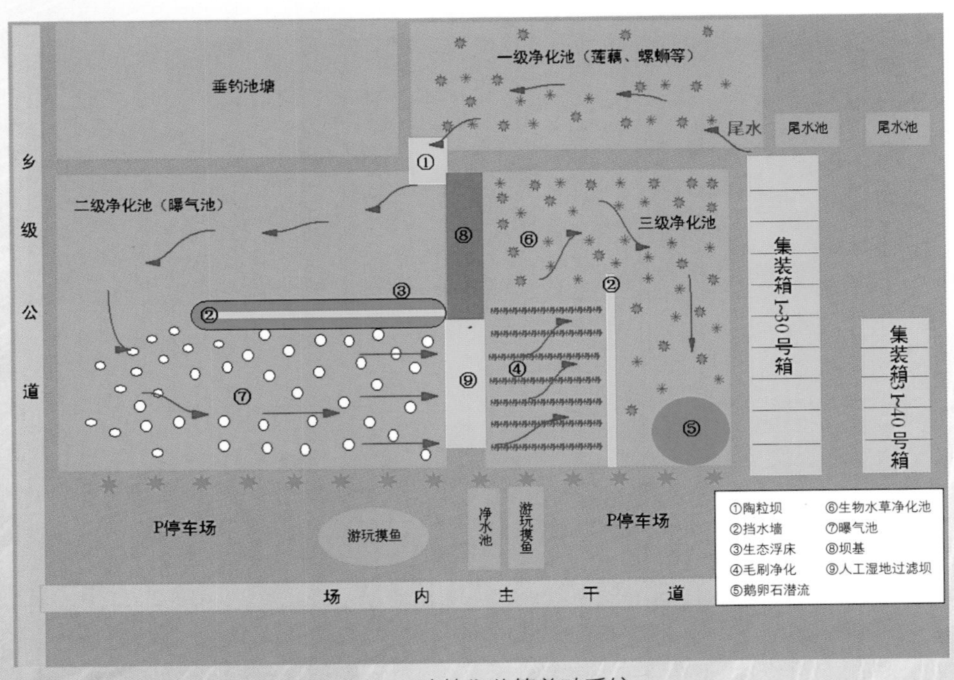

彩图6　陆基集装箱养殖系统

彩图7　集装箱养殖区实况

彩图8　示范基地现场

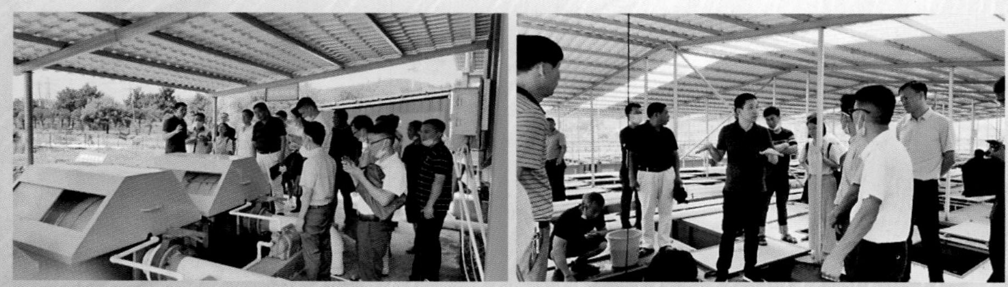

彩图9　集装箱养殖基地现场交流和学习

彩图10　武汉基地集装箱养殖实景

彩图11　安徽太和集装箱养殖基地智慧渔场

彩图12　位于温室的集装箱尾水处理滤床

彩图13　养殖现场

彩图14　刚建成的生态池塘

彩图15　生态池放养鲢、鳙

彩图16　示范基地打造的〝乡香鱼〞品牌

彩图17　全鱼宴部分菜品

彩图18　鮰成鱼的收获与销售

彩图19　集装箱养殖与蔬菜种植相结合

彩图20　肇庆基地集装箱布局情况

彩图21　集装箱式养殖加州鲈

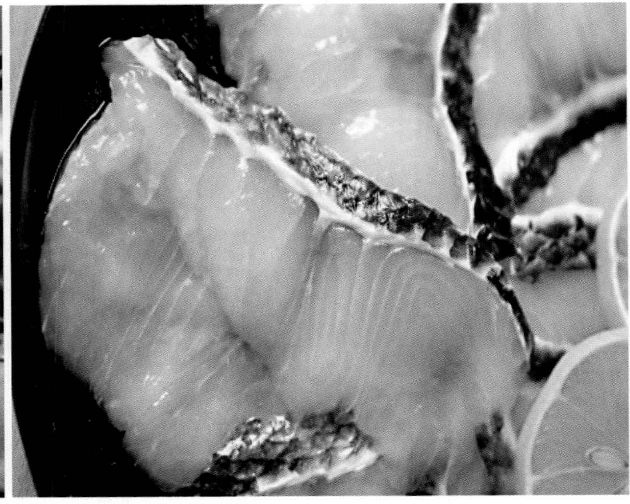

彩图22　集装箱式养殖生鱼鱼片

彩图23　鱼胶原修复面膜（左）、鱼胶原修复喷雾（中）和角鲨能量肌底精华（右）

彩图24　基地花田实景

彩图25　肇庆市退伍军人创业技术培训